今日から モノ知り シリーズ

トコトンやさしい

段ボールの本

レンゴー株式会社　編著
斎藤勝彦　監修

日本での誕生から100年以上経過した段ボール。その基本的な構造はその当時から変わらない。「包み」「守り」「装い」「運ぶ」を成立させる優秀な梱包資材として活躍し、私たちの日常を支えています。

B&Tブックス
日刊工業新聞社

はじめに

日刊工業新聞社より本書の企画を持ちかけられたきっかけは、あるテレビ番組に技術監修者として出演したことだったようです。それは、段ボール箱が、ある制約条件の下で1トンの荷重に耐え、5メートルもの高いところから落下しても割れやすい中身（卵やワイングラスなど）を壊さないこともできるといった内容でした。私の専門は輸送包装、それも力学を基礎とした適正緩衝包装評価のあり方についてであり、段ボールそのものは専門外で、いわんや現場を経験していない者にとって、企画そのものには興味があっても執筆者としての能力はありません。そこで、産学共同プロジェクトパートナーとしてお付き合いのある、レンゴー株式会社に執筆のお願いをし、本書の刊行が実現しました。

私たちの生活の中に段ボールは深く浸透し、段ボールを使ったことがない人はいないといっても過言ではありません。段ボールが日本で作られるようになってから100年を超えていますが、3枚の板紙を加工した姿かたちは、基本的に変わっておらず、「最初から完成形であった」ともいえます。また、段ボールは世界各国で生産され、段ボール工場は私たちの比較的近いところにあり、それを何気なく手にとってしまうと、どれも変わりないように感じます。おそらく日本人にとっての段ボールは、いまや空気のような存在です。「いつもそこにある段ボール」ですが、それにまつわる開発・創意工夫・生産管理の技術・技能も隠されています。モノを輸送するためには何らかの包装・容器が必要ですが、段ボールが他の資材（プラスチック、金属、ガラス、木材など）と大きく違う点は、資源の乏しい日本であっても、原料のほとんどすべてを日本国内で賄うことができることです。これは、段ボールの原料のほとんどが段ボール古紙であるためであり、段ボールのリサイクルシステムが出来上がっていることに由来しています。すなわち、段ボール古紙が大量に発生する大都市が、「現代の大森林」になっています。環境に優しい資材である段ボール、その適用範囲はこれまでの包装・容器からさらに広がりをみせつつあります。少しでも薄く・軽く・強く、そして弱点である湿気に強い段ボールの開発・生産・管理技術のさらなる発展が期待されます。

本書を通じて、普段いろいろな包装・容器を使用している人、板紙や段ボールにかかわっている人はもちろんですが、広く一般の方々にも身近な存在である段ボールにかかわる事柄に興味を持っていただき、関連専門書によってさらに知見を深めていただければ幸いです。

神戸大学　輸送包装研究室　教授
監修者　斎藤　勝彦

トコトンやさしい

段ボールの本

目次

第1章 段ボールのあゆみ

第2章 包装としての段ボール

第3章
段ボールができるまで

第4章 段ボール箱の設計と特性

第5章 機能性段ボール

第6章 さまざまな場面で活躍する段ボール

第7章 人にも環境にも優しい段ボール

【コラム】

第1章

段ボールのあゆみ

1 暮らしを豊かにする名脇役

包装とは

包装は人類の誕生とともに、生活の知恵として生み出されてきました。古くは木の葉、竹の皮、わら等の自然界にあるものを利用して物の保護、保管、輸送に役立ててきました。また、包装はよく衣服と対比されます。衣服は私たちの生活に不可欠なもので、暑さ、寒さから身体を守るだけではなく、その人のセンスも発信します。包装も同様で、内容品の保護だけではなく、内容品が何であるかを消費者に伝え、より魅力的に装うことで売れるようにする機能を持っています。

現在、包装には、主に「内容品の保護」、「取扱いの便利さ」、「販売の促進」が求められています。これらの機能を満足するため、日本工業規格（JIS Z 0108）では、包装とは、「物品の輸送、保管、取引、使用などにあたって、その価値および状態を保護するための適切な材料、容器などを施す技術または施した状態」と定義されています。個装、内装、外装の3種類に分類され、個装、内装は消費者包装、外装は輸送包装と呼ばれています。

個装とは、個々の商品を保護し価値を高めるための適切な材料、容器などを使用した包装をいいます。内装とは、個装を取りまとめ、販売しやすい単位にした包装で、商品に対する水、湿気、光、熱、衝撃などを考慮した適切な材料、容器などを使用した包装をいいます。

外装とは、商品、個装または内装を輸送する単位に取りまとめて、輸送、保管に耐えることができる適切な材料、容器などを使用した包装をいいます。

包装は社会生活と密接に関係しており、包装の社会的責任もおのずと求められます。単に、包装の機能を満足するだけでなく、社会的責任を果たしていくために、公益社団法人日本包装技術協会では、適正包装七原則をまとめて、包装の適正化を推進しています。

要点BOX

- ●包装に求められる機能は、保護、取扱い、販売促進
- ●包装は個装、内装、外装に分類される

包装の分類

個装

缶

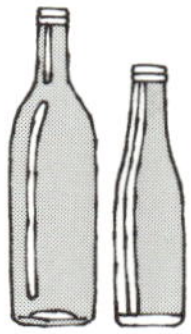

ガラスビン

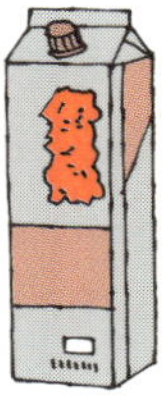

紙パック

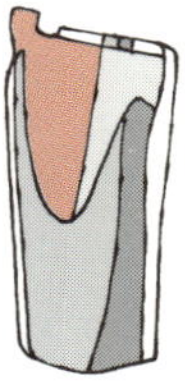

スタンディング
パウチ

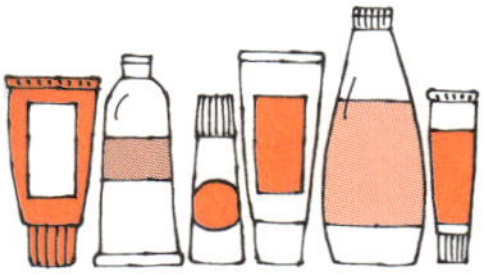

チューブ

内装

マルチパック

ギフト箱

外装

段ボール箱

シュリンク

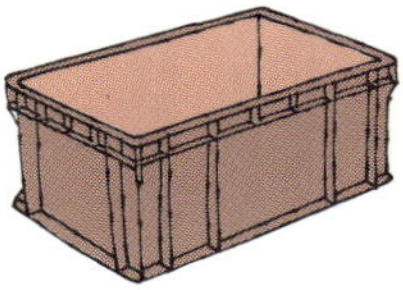

プラスチック
コンテナ

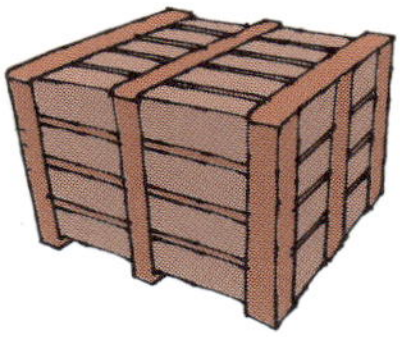

木箱

適正包装七原則

①	内容品の保護または品質保全が適切であること
②	包装材料および容器が安全であること
③	内容品が適切であり、小売りの売買単位として便利であること
④	内容品の表示または説明が適切であること
⑤	商品以外の空間容積が必要以上に大きくならないこと
⑥	包装費が内容物に相応して適切であること
⑦	廃棄処理上適切であること

2

物の保護だけではない段ボール

包装における段ボールの役割

段ボールは包装の中で主に外装（輸送包装）の分野で使用されており、次のような特徴があります。

長所

①波形の段があるため、強くて緩衝性や保温性があり、内容品を保護するのに適している。

②組立て、封かん、開封作業が容易で、軽量なため荷扱いにも便利。

③美粧印刷が可能で、陳列も容易なため販売促進にも役立つ。

④リサイクル率の高い素材である。

⑤加工性に優れ、さまざまな形状の箱にすることができる。

⑥安価で材質の選択肢が多い。

短所

①水や湿度によって強度が大きく影響を受ける。

②金属やプラスチックに比べて品質のばらつきが大きい。

③紙粉が発生する。

段ボールはこれらの特性をよく理解した上で使用することが大切です。

実際の段ボール箱の設計においては、輸送包装材という観点から、生産者から消費者に届くまでの物流過程で発生するさまざまな障害を想定し、それらから内容品を保護することを主眼とされます。具体的には、輸送、保管時の荷重に耐える「強度」、荷扱い時の落下衝撃などから内容品を守る「緩衝性」、湿気や害虫などから内容品を守る「密閉性」が要求されます。

これ以外にも、荷扱いの利便性、店頭での品出し、陳列に際しての作業性や販売促進効果、開封後の廃棄のしやすさなどが求められるほか、環境配慮やコストの観点に至るまで、多様なニーズを考慮しつつ設計されます。それらを実現するために、軽量化や新たな形態の開発など、新しい段ボールの開発も進められています。

要点BOX

- 段ボールは主に外装、輸送包装で使用される
- 物流過程におけるさまざまな障害から内容品を守る

段ボール包装に求められる機能

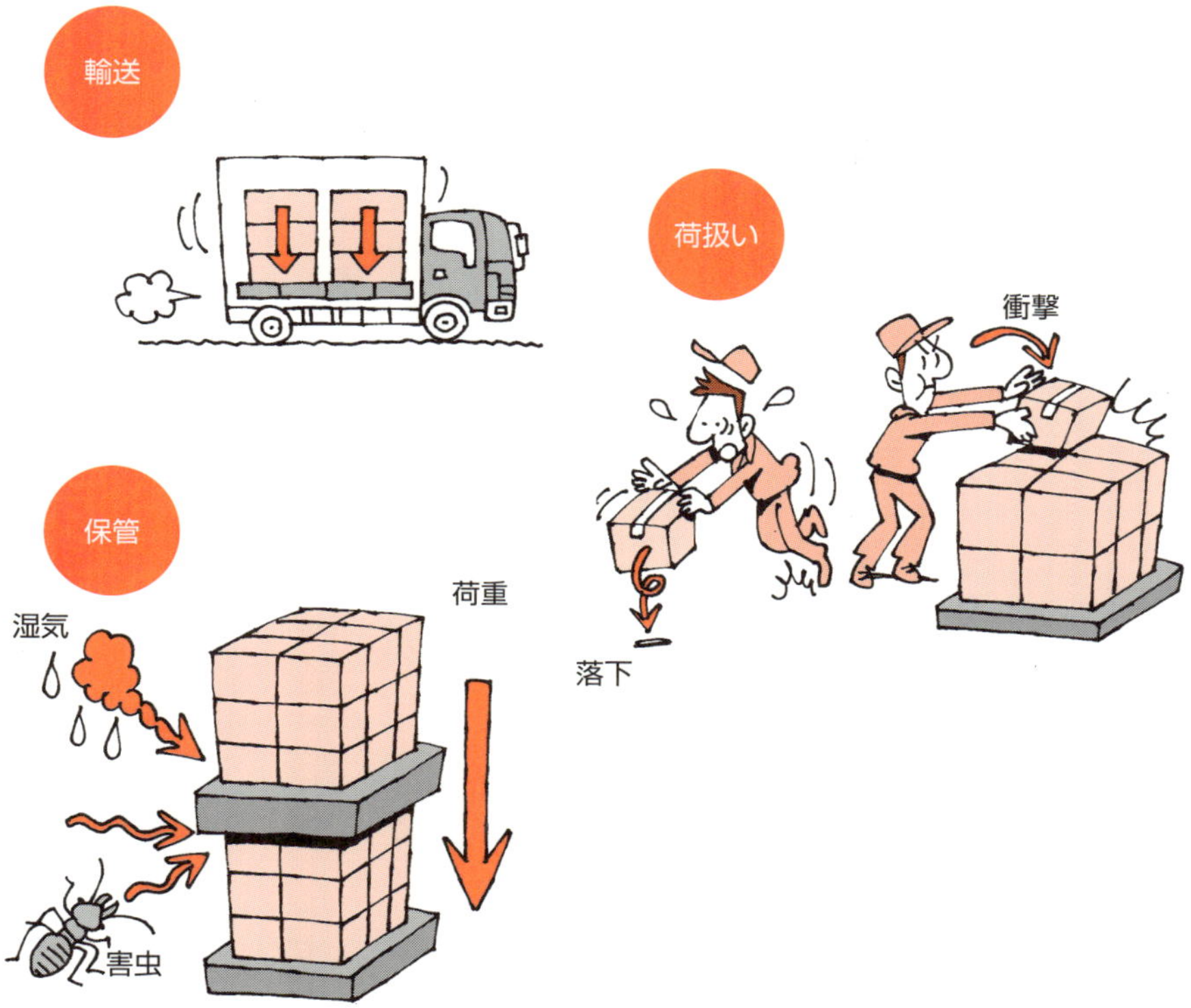

新しい段ボールの開発

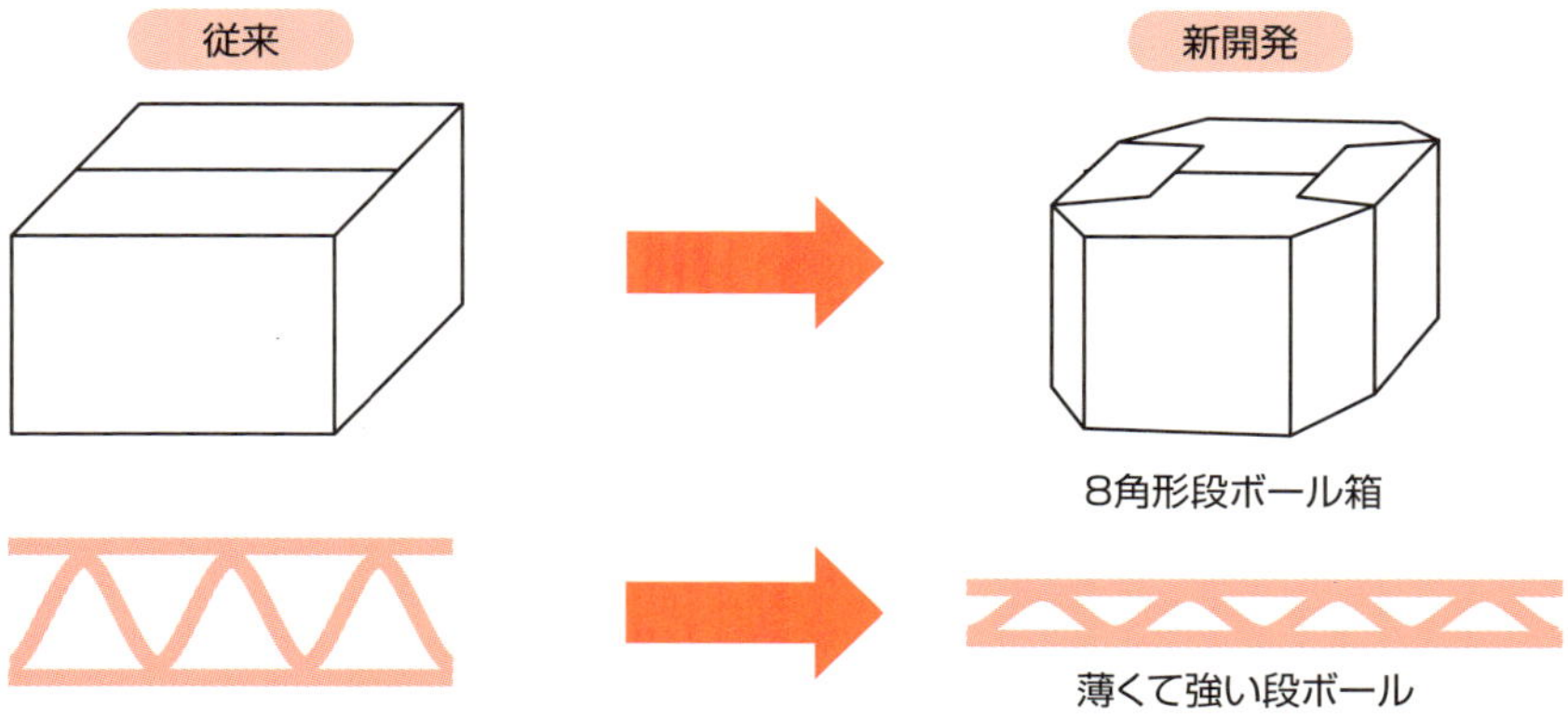

3 年間で東京ドーム29万個分の面積を生産

段ボールの生産量と需要

　段ボールは面積でその生産量を表しますが、2015年の日本の段ボール生産量は約137億㎡です。そう言われてもピンとこない数字ですが、東京ドームに換算すると約29万個分もの広さになり、1mの幅にすると、なんと地球と月を17往復もできる長さになります。琵琶湖の広さならその約20倍で、東京都、神奈川県、埼玉県、千葉県の合計とほぼ同じ面積が1年間で生産されています。

　年間生産量をミカン箱サイズ(10kg入：390㎜×330㎜×270㎜)の箱の個数に換算すると、日本人一人当たり1年間で約150箱も使用している計算になります。あまり実感が湧かないかもしれませんが、毎日、飲料や食料品、日用雑貨品、電化製品など、あらゆるものが段ボールで包装され配送されていることを考えれば、納得のいく数字だと思います。

　高度経済成長期には、段ボールは電化製品をはじめとする電気・機械分野や、繊維製品分野での需要が高かったのですが、近年は中国や東南アジアなどからの輸入品の増加や生産拠点の海外移転等により、国内ではその分野の需要は減少しました。

　現在、段ボールの需要が最も多い分野は、飲料、インスタント食品、調味料、冷凍食品等、加工食品の分野で全体の約4割を占めています。これに青果物とその他食品を合わせると食料品全体では約6割にも達し、スーパーマーケットなどの店舗に並ぶ商品の多くがこの分野です。また、最近は通販・宅配分野の比率が急激に増加しています。今後も、インターネットを通じた買い物がますます伸長すると見込まれることから、この分野の比率はさらに高くなることが予想されています。

　このように、段ボールは私たちを取り巻く経済や社会環境の変化を映す鏡であり、便利で快適な暮らしのもととなる物の流れを、陰でしっかりと支えているのです。

要点BOX

- ●日本の段ボール年間生産量は関東一都三県の面積とほぼ同じ、消費量は一人当たり150箱
- ●用途は飲料、食品、青果物で全体の約6割

日本の段ボール生産量の推移

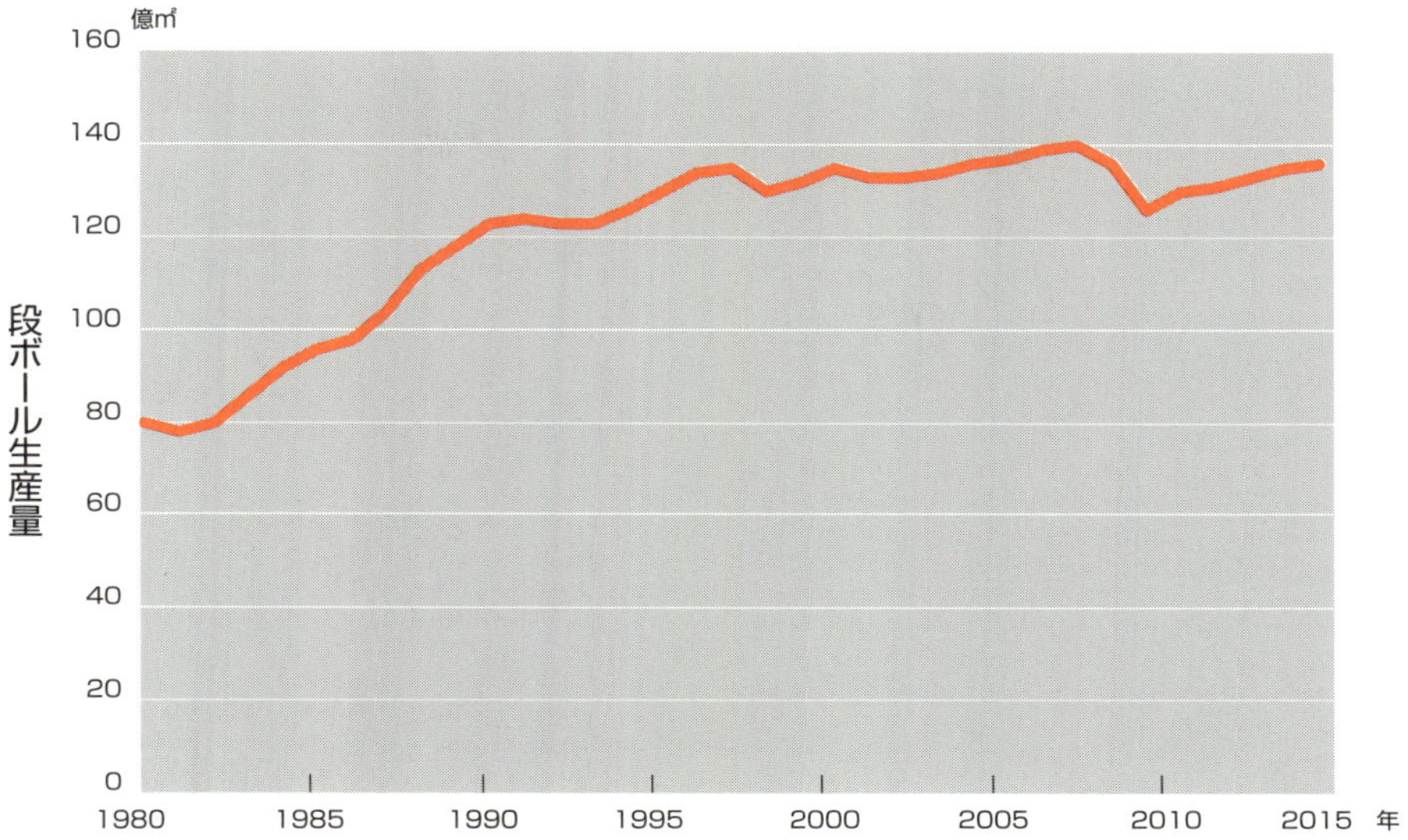

出典:全国段ボール工業組合連合会

段ボールの需要別生産比率

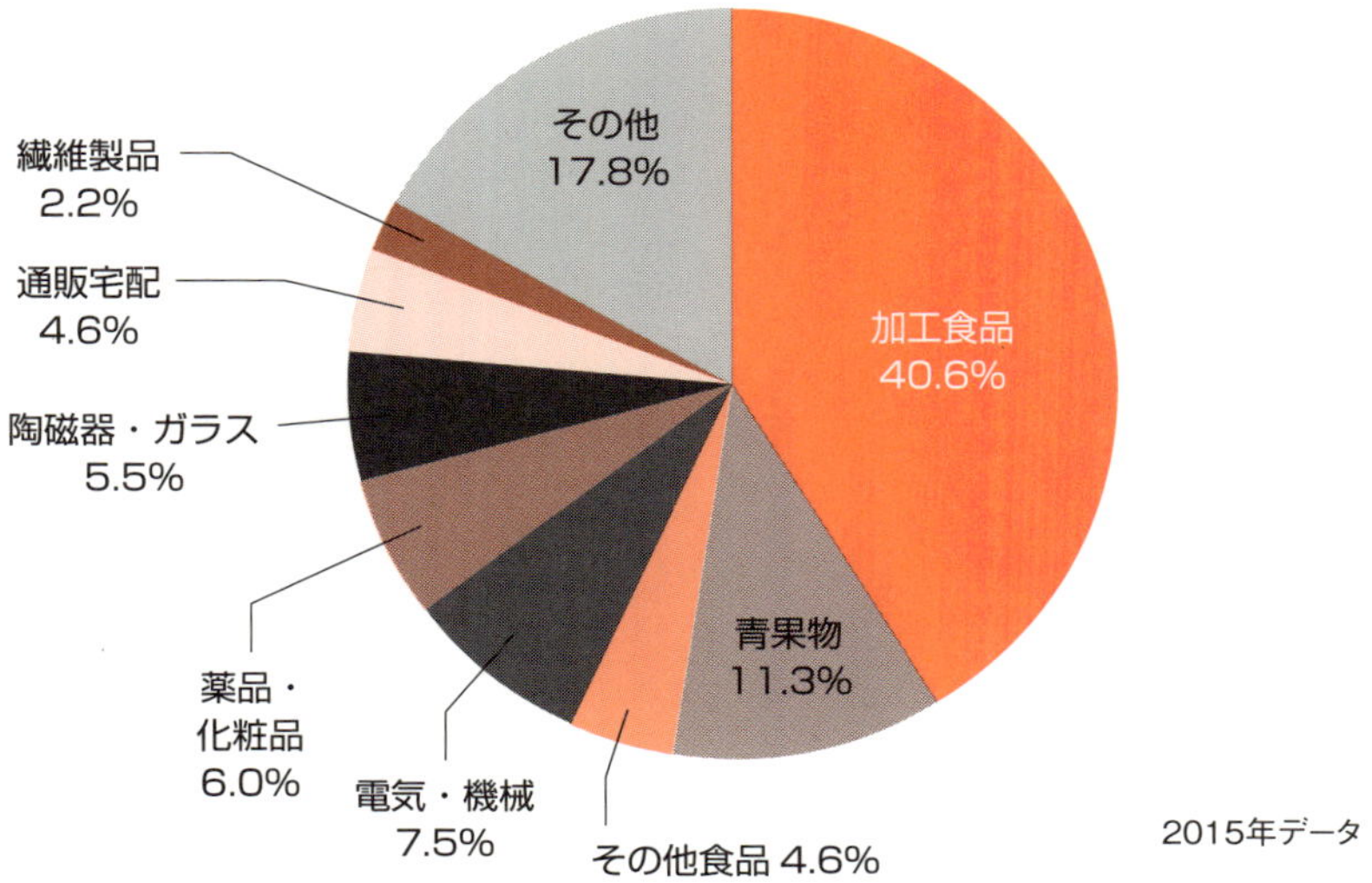

出典:全国段ボール工業組合連合会

4 原紙は「重量」、段ボールは「面積」

段ボールにまつわる単位

段ボールは2枚の紙の間に波形に成形された紙が1枚挟み込まれた3層構造をしています。段ボールは面積で生産量を表わしますが、段ボールを構成する最も重要な原材料である段ボール原紙（以下、原紙）は、重量で生産量を表わします。

1㎡当たりの重量を「坪量」と呼び、単位は「g／㎡」で表します。JISにその基準値が定められており、坪量と原紙が有する性能（強度）から原紙のグレード（級）が決まります。

原紙は製紙工場で連続的に製造され、製造直後は一旦、巨大なロール状に巻き取られます。その後、段ボール工場が有する段ボール製造設備のサイズや、製造される段ボール製品の幅などに対応するため、様々なサイズの幅で巻き直しされて製品となります。原紙は重量で取引され、1kg当たりの単価で価格が決められます。

一方、段ボールは面積を単位とします。段ボールは素材そのものというよりは、箱に加工されて使用されることがほとんどのため、面積と枚数で管理するほうが便利なためです。

段ボールの場合も、用いられる原紙の坪量が分かれば、段ボールの面積からその重量を計算して求めることはできますが、波形に加工された分を考慮しなければならないなどとても煩雑になります。また、段ボールを構成する原紙の組み合わせ（材質）もさまざまなため、日本においては、原紙のように重量ではなく面積で取引されています。

実際の取引では、使用されている原紙の材質や箱などへの加工の度合いに応じて、1㎡当たりの単価で価格が決められます。

このように、原紙と段ボールは単位が異なることから、生産量を表す単位も異なり、原紙の生産量は重量（t）で、段ボールの生産量は面積（㎡）で表します。

要点BOX
- ●原紙の取り扱い単位は、重量（t）
- ●段ボールの取り扱い単位は、面積（㎡）

段ボールの断面図（両面段ボールの例）

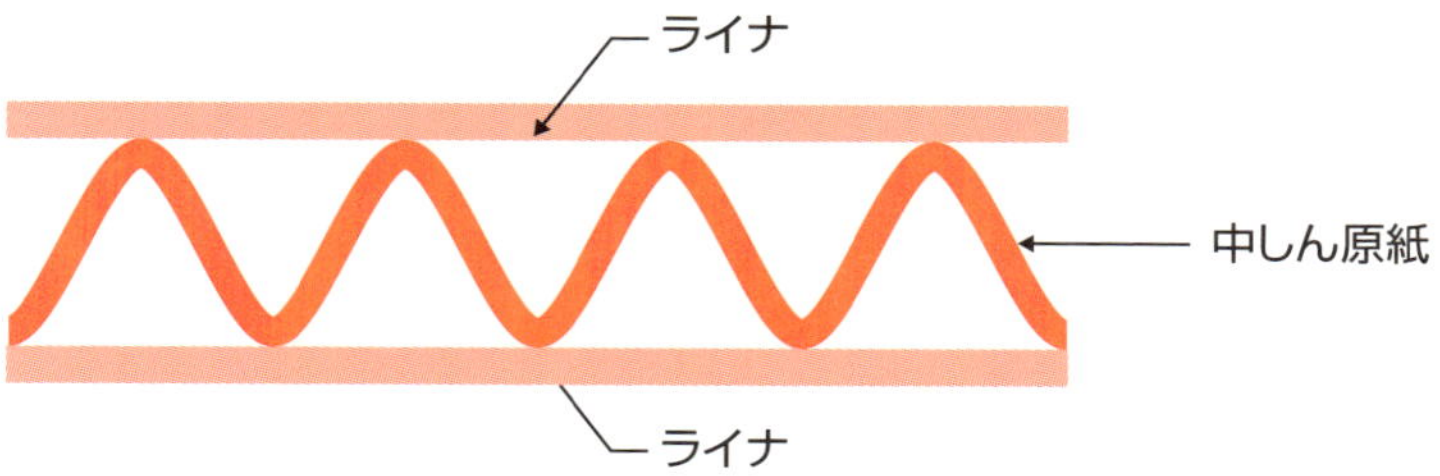

段ボール原紙の単位は重量

1㎡当たりの重さ120g/㎡、紙幅2m、全長5000mの巻き取りロールの例

ロール1本は
2 m× 5000m × 120g/㎡= 1200㎏
として取引される。

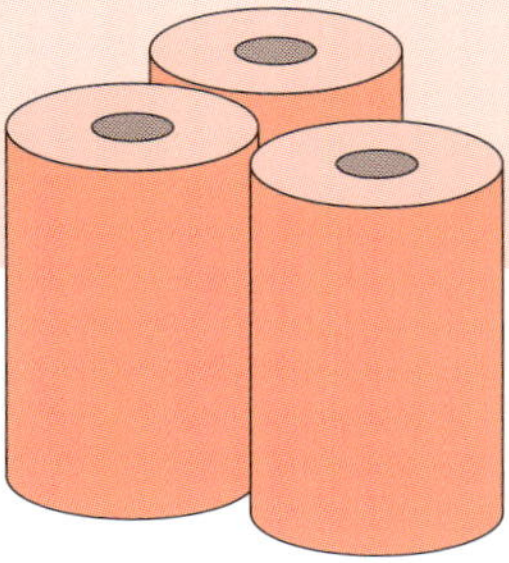

段ボールの取り扱い単位は面積

段ボールは
160cm×90cm×1000枚=1440㎡
として取引される。

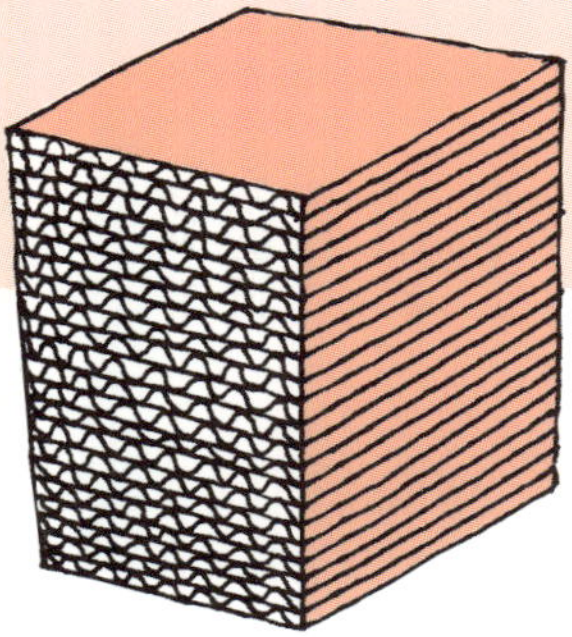

5 その始まりはシルクハット

1856年、英国のエドワード・チャールズ・ヒーレイとエドワード・エリス・アレンが、帽子の内側の素材として波を打った紙の特許を取得しました。

当時は、段のついた2つのロールの間に紙を通す手動の機械で、紙に段（フルート）を作っただけのものでした。これを円筒状にしてシルクハットの内側に貼り、通気と汗取りのために使用しました。これが段ボールの誕生といわれています。

その後、米国で初めて包装材として段ボールが使用されます。

1871年、アルバート・L・ジョーンズが、段付きの紙（フルート部分のみ）を初めてガラス瓶やランプ用ホヤの包装用として使用し、特許を取得しました。この特許では、「波状の紙の上に瓶を並べる方法」、「波状の紙で箱を作る方法」、「瓶に波状の紙を巻き付ける方法」の3つが示されています。

1874年には、オリバー・ロングが、段が伸びてしまうのを防ぐために、段の片側に紙を貼り合わせた「片面段ボール」を開発して特許を取得し、段ボールが瓶や壺などの包装に使われ始めます。

その後、ロバート・H・トンプソンが、片面段ボールの波形の上にもう1枚紙を貼り付けた「両面段ボール」を考案し、1894年にはシート状の両面段ボールに溝切りと断裁を施して、段ボール箱が初めて製造されました。

翌1895年、ウェルズ・ファーゴ銀行が、小口貨物の輸送用に段ボール箱を使い始めました。こうして、包装材としての段ボールは主に米国で発展し、1800年代の終わり頃には、現在の段ボール箱の原型がほぼできあがりました。

さらに、1900年代に入ると、木箱に代わる輸送包装材の主役として一般にも広く認識されるようになり、米国での段ボール箱の需要は急激に拡大していきました。

要点BOX

- 段ボールの誕生は19世紀半ばの英国でシルクハットの通気・汗取り用に使用された波状の紙
- その後、米国に渡って包装材として使用

シルクハットの汗取り用として

ランプの包み紙として

パテント説明

包装材としての段のついた紙の特許

Improvement in Paper
for Packing

No.122,023
Patented Oct,19,1871

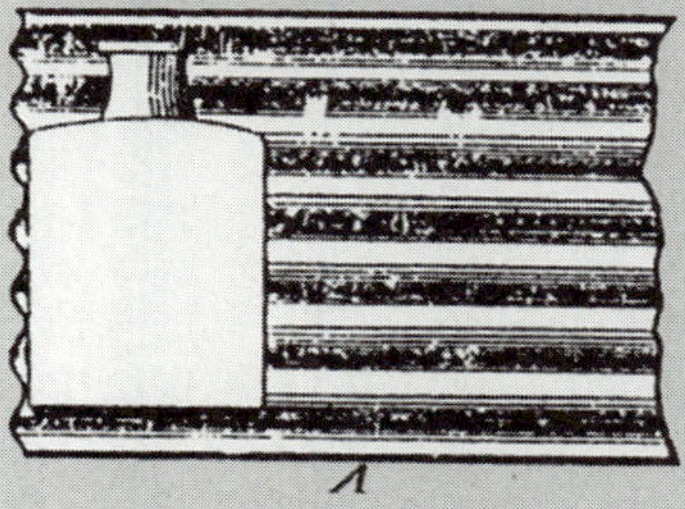

Inventor
A. L. Jones.

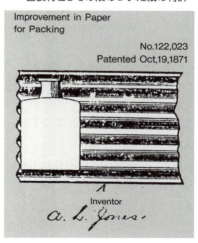

6 苦労の末に生まれた日本初の段ボール

国産第一号段ボール

明治時代の日本では、ブリキに段をつけるロールにボール紙を通したものが作られ、一般に電球包み紙などと呼ばれていました。しかしこれは、紙をジグザグに折っただけの三角形のもので、弾力がありませんでした。

一方、当時わずかに輸入されていた外国のものは、弾力に富み、しわしわ紙、なまこ紙などと呼ばれていました。後に、段ボールの名付け親となるレンゴー創業者である井上貞治郎は、「馬喰町のある化粧品店などで使っていたドイツ製品は、波形紙をさらにもう一枚の紙にのりづけしてあり、しかも波の形が三角形でなく半円形で、弾力に富むものだった」と、自叙伝に記述しています。

井上は友人との出資話をきっかけに、このなまこ紙の事業化を思い立ちました。1909年、かつて勤めていた、紙箱を作る道具や大工道具を売る店で見かけた機械をヒントにしながら、鋳物製の段付きロールを取り付けた製造機械をつくり、東京・品川町北品川宿北馬場の本照寺というお寺の本堂裏にある貸家を借り、その六畳間に据えつけました。井上は、この作業場を「三盛舎」（後に「三成社」に改称）と名付け製造を始めました。

しかし、なかなか上手く製品はできませんでした。苦心の末、バネを使いロールの左右に均一に力が掛かるように工夫し、また、湿気によってしばらくすると段が伸びてしまうのを、紙を縁の下にひと晩寝かせ、あらかじめほんのり湿らせ、七輪の熱で乾燥させることで解決しました。

井上はようやくでき上がった製品を売るにあたり、いろいろな名前を考えましたが、「段の付いたボール紙」であることが単純で解かりやすく、語呂も良いことから「段ボール」と命名して販売しました。やがて「段ボール」は電球や化粧品、薬の瓶など割れやすい商品の緩衝材として使われるようになりました。

要点BOX

- 1909年井上貞治郎がわが国で初めて段ボールの製造に成功
- 「段ボール」と命名したのも井上貞治郎

井上貞治郎

段ボール製造機1号（復元機）

2本の金属製の段ロール（複数の溝のついたロール）が備わっており、七輪で加熱していました。ハンドルを手で回すと段ロールが回転するので、その間に紙を通すことで波形の紙をつくりました。

三成社

7 段ボールの発展は木材不足がきっかけ

木箱から段ボールへ

第二次世界大戦後、ゼロからの再出発を余儀なくされた段ボール産業は、日本経済の復興とともによみがえり、戦後の再建に努める産業界において、包装・輸送の面で大きく貢献することになります。

段ボール産業が急速に発展したのは、戦後復興により木材需要が急増したため、包装用の木材を確保することが難しくなり政府が「木箱から段ボールへの切替え運動」を大々的に進めたことが契機となりました。一方、朝鮮戦争は段ボール包装の重要性を産業界が認識するきっかけとなりました。当時、日本の輸送包装に占める段ボールの割合は7％でしたが、米国では80％を占めており、大量の戦争関連物資が段ボール箱で包装されていました。

1950年代後半、出荷時期が集中するミカンで段ボール箱の使用が始まり、年々その需要は増大していきました。かんきつ類は丈夫な皮に包まれ、外部からの衝撃や圧力に対する抵抗力が強く、当時の荷扱いに耐えられたことが、転換が進んだ理由の一つだと考えられます。一方、外部からの衝撃に弱く傷つきやすいリンゴのような果実の切替えは1960年代半ばになりました。

当時、段ボール箱の利点として「市場でも輸送中でも商品内容がアピールできる」、「折りたたむと木箱の20分の1」、「梱包に釘、針金、金槌が不要で、封かん・開梱も簡単」、「重さは木箱の3分の1」、「内容品に応じた形式、構造で、迅速・大量に生産できる」ことなどをあげて転換が進められました。

戦後の混乱も落ち着き、戦後復興から高度経済成長へと至る中で、日本人の食生活も次第に変化し、青果物の種類と出荷量が急激に増加したことに加え、木箱や竹篭の価格が高騰したこと、青果物の出荷作業が共同化・機械化されたことなどから、急速に段ボール包装が輸送包装の主流となり、包装産業における段ボールの地位は飛躍的に向上しました。

要点BOX
- ●戦後の木材不足から段ボールへの転換が促進
- ●木箱よりも軽量で、作業効率がいいことなどの特徴が段ボールのアピールポイント

木箱と比べた段ボール箱の5つの利点

市場でも輸送中でも商品内容がアピールできる

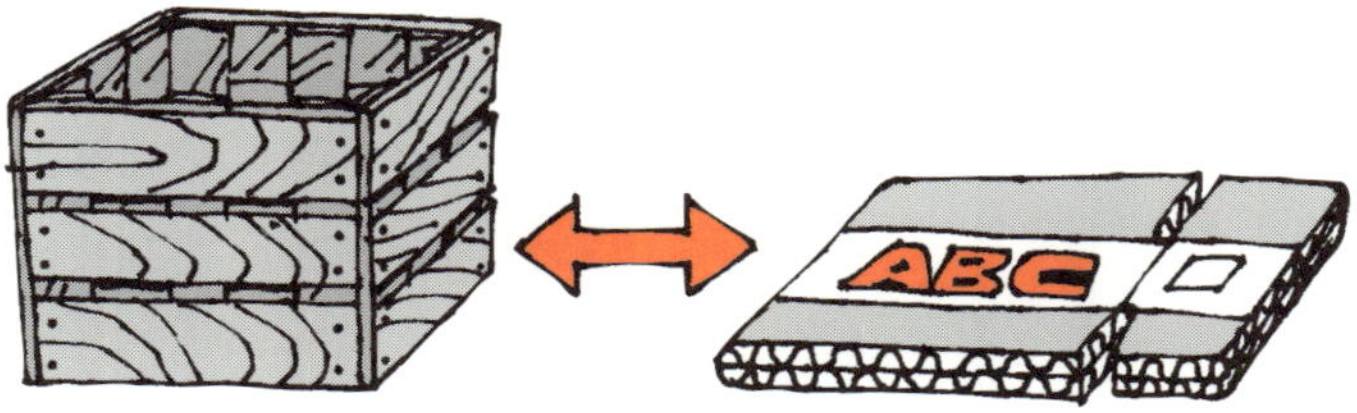

折りたたむと木箱の20分の1

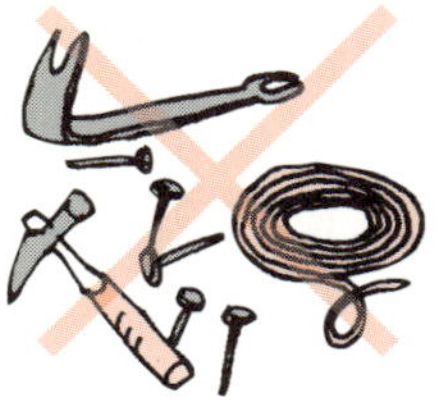

梱包に釘、針金、金槌が不要で
簡単に封かん・開梱できる

重さが木箱の3分の1

内容品に応じた形式、構造で、迅速・大量に
生産できる

8 高度経済成長期を支えた段ボール

日本の発展とともに需要が拡大

新幹線開通と東京オリンピック開催（1964年）、いざなぎ景気（1965〜1970年）と命名された高度経済成長により日本中がにぎわう中で、段ボール需要は急激に増加しました。特に、テレビや冷蔵庫などの家庭電化製品の普及を背景とする消費生活の向上にともなって、段ボール生産量は1961年から1973年の13年間、10％を超える成長がほぼ毎年続きました。

また、スーパーマーケットに象徴されるように、大量生産・大量流通・大量消費の時代に入り、商品の個装にプラスチック製のフィルム包装や容器が使われるようになり、店頭でのディスプレイ方式も変わっていきました。こうした中で、段ボール需要も拡大するとともに、ユーザーニーズはますます多様化し、段ボールの新たな機能の開発が進みました。

例えば、水をはじく耐水段ボール、より美しい印刷のため、原紙の段階であらかじめ印刷するプレプリント技術、紙力増強剤によって従来よりも強度を高めた強化段ボール原紙、段ボールの内側に開封用のカットテープを貼る技術などが1960年代に次々と登場しました。

1970年代の段ボール産業は、段ボールの製造機械においても国産の技術開発が急速に進み、欧米諸国と比肩しうるまでに成長しました。

その後、段ボール生産量は、2度にわたるオイルショックにより、一時的にマイナス成長を余儀なくされましたが、日本経済の立ち直りとともに再び順調に伸びを回復しました。しかし、1990年代以降は、バブル経済の崩壊、円高の進行による製造業の海外移転などにより、その伸びは鈍化し、成熟期に入りました。

段ボールは景気の鏡といわれるように、日本人の生活様式の変化に対応しながら、わが国経済の発展と歩調を合わせて成長し続けてきました。

要点BOX
- ●高度経済成長期に段ボールの需要が急増
- ●ユーザーニーズの多様化に合わせて、様々な機能を持った段ボールが開発される

段ボール生産量の推移

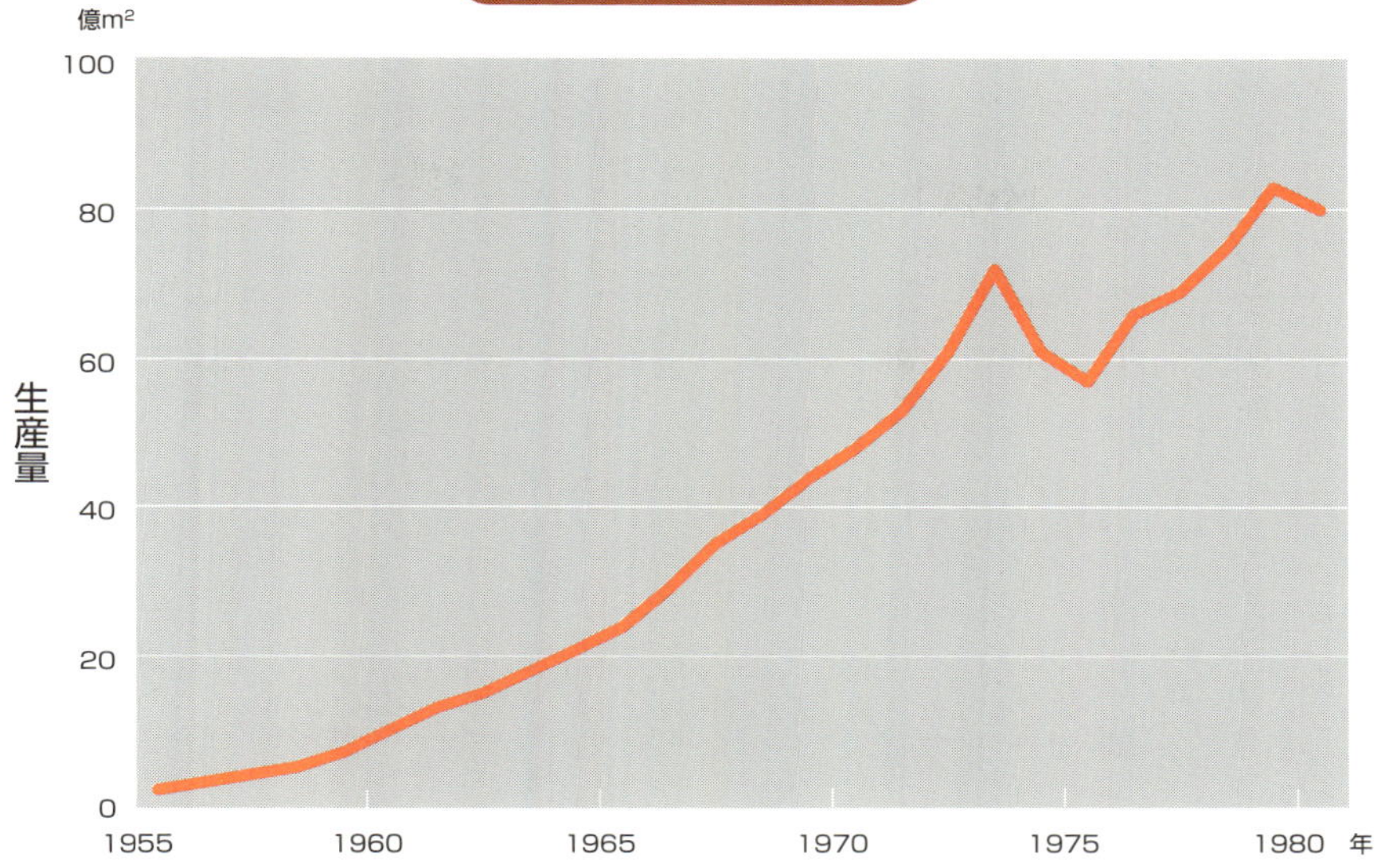

出典:全国段ボール工業組合連合会、経済産業省

部門別段ボール需要の推移

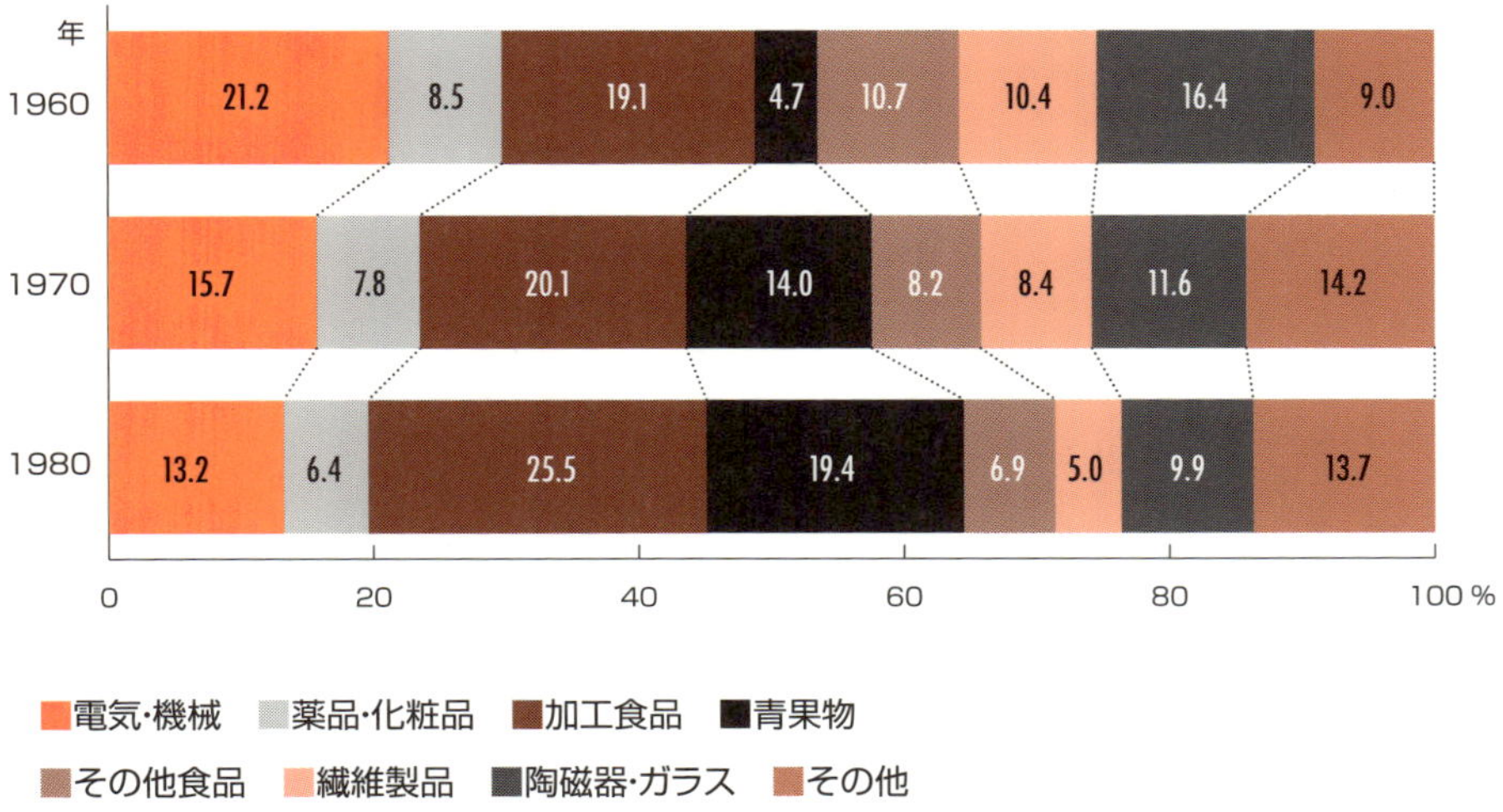

出典:全国段ボール工業組合連合会

9 環境面で注目される段ボール

エコと段ボール

段ボール需要は1990年以降、その伸びは鈍化しましたが、一方で新たな需要分野も生まれ、引き続き堅実な成長を続けています。IT関連製品やレトルト食品、衛生用品、宅配便、通信販売などは、その代表例といえるでしょう。

一方、社会の成熟化とともに、人々の生活もゆとりや心の豊かさが求められるようになり、地球環境保護への関心が高まっています。段ボールも単に機能を追求するだけではなく、より省エネ・省資源を意識した省包装やリサイクルが注目されるようになり、あらためて段ボールの環境性能と優位性が見直されています。

もともと紙である段ボールは、水と太陽と二酸化炭素による光合成をベースとする天然の素材ですが、実際には、原料の多くは、リサイクルによる資源循環でまかなわれているとても環境に優しい包装材です。現在では、段ボールのリサイクル率は95%以上にも達しています。

この高いリサイクル率を支えているのは、各家庭や企業における分別と、古紙・製紙・段ボールの3つの業界が一体となって支える、「三位一体」のリサイクルシステムです。

段ボールは、段ボール原紙から段ボールに加工され、段ボール箱として物を包み、消費者の手元に届けられる動脈物流のみならず、古紙として回収され、再び製紙原料として製紙工場に届けられるまでの静脈物流も完備した、まさに資源循環型の包装材です。このリサイクルシステムこそが段ボール産業にとっての生命線ですが、さらに、限りある資源を有効活用するために、段ボールの軽量化も年々進められています。

もっと便利に、もっと使いやすく、そしてもっと環境に優しく。段ボールは人々の暮らしに寄り添い、豊かな生活と経済社会をしっかりと支え続けています。

要点BOX

- 段ボールのリサイクル率は95%以上
- 古紙・製紙・段ボールが一体となった「三位一体」のリサイクルシステム

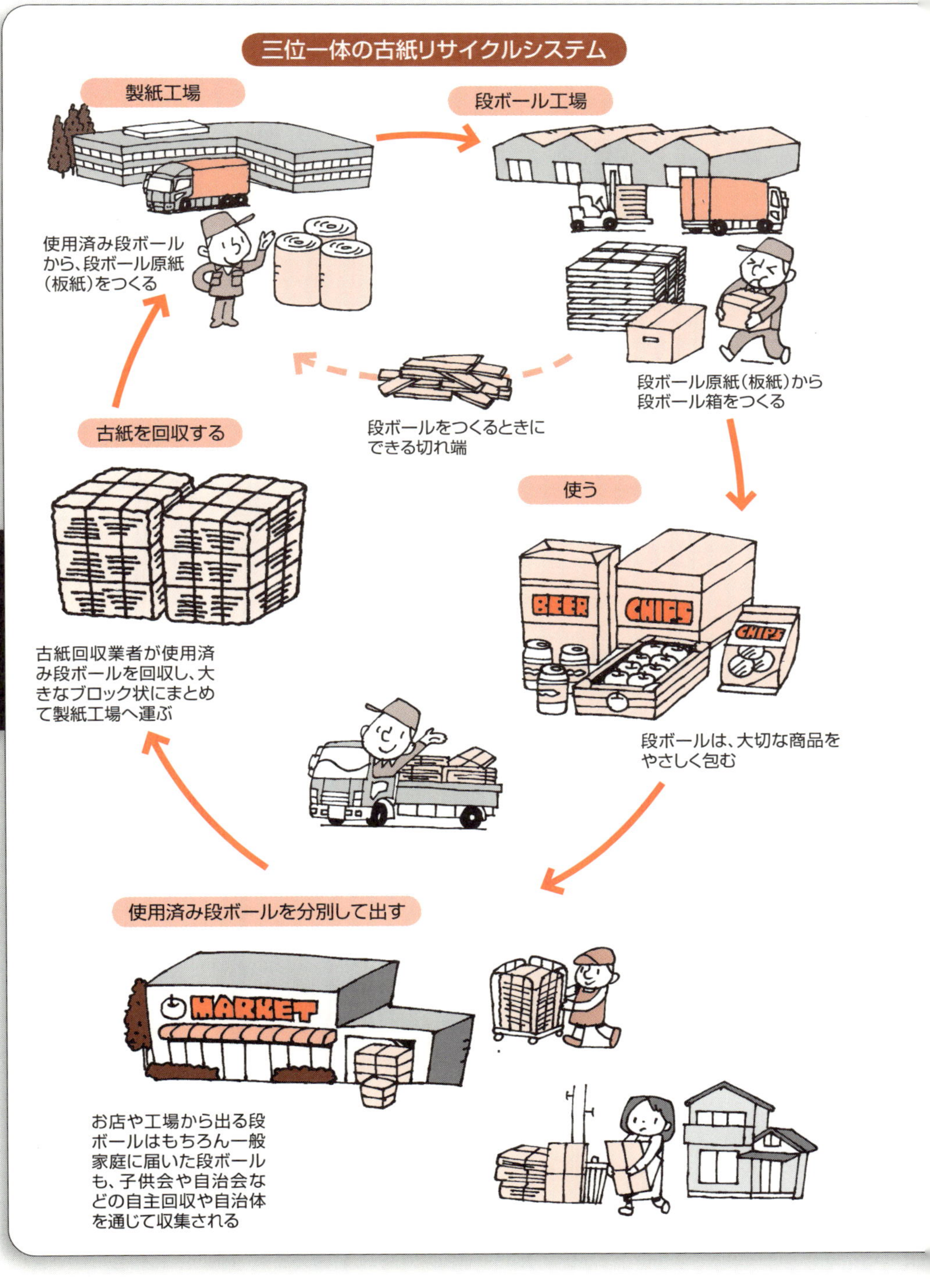
三位一体の古紙リサイクルシステム
製紙工場
使用済み段ボールから、段ボール原紙（板紙）をつくる
段ボール工場
段ボール原紙（板紙）から段ボール箱をつくる
段ボールをつくるときにできる切れ端
使う
BEER
CHIPS
CHIPS
段ボールは、大切な商品をやさしく包む
使用済み段ボールを分別して出す
MARKET
お店や工場から出る段ボールはもちろん一般家庭に届いた段ボールも、子供会や自治会などの自主回収や自治体を通じて収集される
古紙を回収する
古紙回収業者が使用済み段ボールを回収し、大きなブロック状にまとめて製紙工場へ運ぶ

10 手回しから高速自動化の時代へ

段ボールの製造機の発展

日本で初めて段ボールがつくられた1909年当時は、木炭の熱で加熱した2本の段ロール（縦にいくつもの溝を掘った金属ロール）をハンドルによって手で回しながら、定尺の紙を通していました。波形にした紙に、はけで、でんぷん糊を塗り、真っすぐな紙と貼り合わせていました。現在はコルゲータと呼ばれる全長100m以上の機械設備で段ボールを連続生産しますが、基本原理は昔も今も同じです。

1913年に、真っすぐな紙と波形の紙を連続で貼り合わせる片面段ボール製造機がドイツから輸入されるまでは、1枚1枚手作業でつくっていました。1930年代には、両面段ボールを製造する本格的なコルゲータを米国から輸入し、生産性の向上が図られました。その後の戦災で、段ボール産業も大きな被害に見舞われましたが、1950年代には、当時最新鋭の米国製コルゲータを導入することで、目覚ましい復興を果たしました。

1960年代には国産の装置が開発され始めましたが、最も飛躍的に技術革新が進んだのは、高度経済成長期終盤の1970年代に入ってからのことです。当時は、紙が無くなると一旦機械を止めて、新しい紙を糊貼りして紙継ぎしなければなりませんでした。また、製造する段ボールの寸法が変わるたび、けい線刃や切り刃の位置調整のために、いちいちコルゲータを停止しなければなりませんでした。

さらに、直角方向の断裁は刃のついたローラーで行いますが、回転速度が一定速度に達するまで寸法が定まらないといった無駄の多い仕組みで、コルゲータの無停止連続運転は技術者たちの夢でした。

日本は世界に先駆けて、瞬時に紙継ぎができる装置「スプライサ」をはじめ、コルゲータを停止することなく運転したまま、全自動で寸法替ができる装置を次々に開発、その結果、無駄なく効率的に段ボールが生産できるようになりました。

要点BOX
- ●加熱した段ロールの間に紙を通す原理は不変
- ●日本の先進技術により、コルゲータの無停止連続運転が可能に

1910年ごろ

手回し装置

1925年ごろ

輸入装置を改造

1950年代後半

国産装置の導入

現在

大型高速化

11 ただの紙箱じゃない段ボールの可能性

段ボールの研究開発

段ボール箱は物を包んで運ぶ過程で、内容品を「守る」ことが大きな使命です。段ボール箱によって様々なものが運ばれますが、それぞれで物流環境も異なるため、場合によっては内容品を守るための特殊な機能が必要とされます。そのため、水に濡れても強度が保てる段ボール、青果物の鮮度を保つ段ボール、害虫の侵入を防ぐ段ボール、金属や電子部品を錆や静電気から守る段ボール、美粧性の高い段ボールなど、多様なニーズに応じて機能性段ボールが開発されてきました。

一方、段ボール箱は内容品の価値を「高める」という役割も担っています。段ボール箱は中に入っている商品の「顔」としての重要な役割を果たします。文字だけが書かれた素気ない段ボール箱よりも、カラフルで美しい方が消費者に良い印象を与え、商品価値を高めることができるため、カラー印刷技術や印刷用原紙の改良が重ねられています。

環境への配慮も重要な研究開発テーマです。より軽くても強い段ボール原紙の開発により、段ボール箱の強度を保ちながら省資源化を図っています。また、従来品より厚さが薄い段ボールの開発により、同じ枚数を重ねてもかさが減るため、輸送・保管効率の向上による省エネを実現しています。

段ボールの研究開発にあたって忘れてはならないのがリサイクル性です。段ボールは水の中に入れてかき混ぜれば、簡単にバラバラになり、再び段ボール原紙に生まれ変わることができます。段ボールの最大の長所であるリサイクル性を犠牲にすることなく、いかに付加価値の高い段ボールを開発するかが重要で、冒頭の各種機能性段ボールも、全てリサイクルが可能なものばかりです。

私たちの便利な生活を支え、環境にも優しい段ボールは、これからも、たゆみない研究開発を通じて時代の変化とともに進化していくことでしょう。

要点BOX

- 美粧化、軽量化、機能化など付加価値を高める開発が進められている
- リサイクルできることが重要不可欠なポイント

いろいろな機能をもつ段ボール

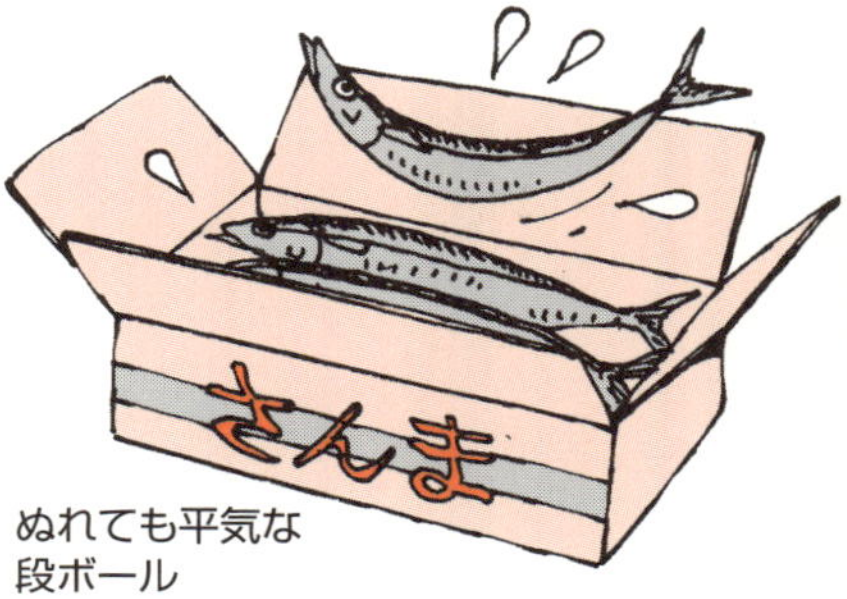
さんま

ぬれても平気な
段ボール

美しい印刷で注目度アップ

害虫を寄せつけない
段ボール

鮮度を保つ段ボール

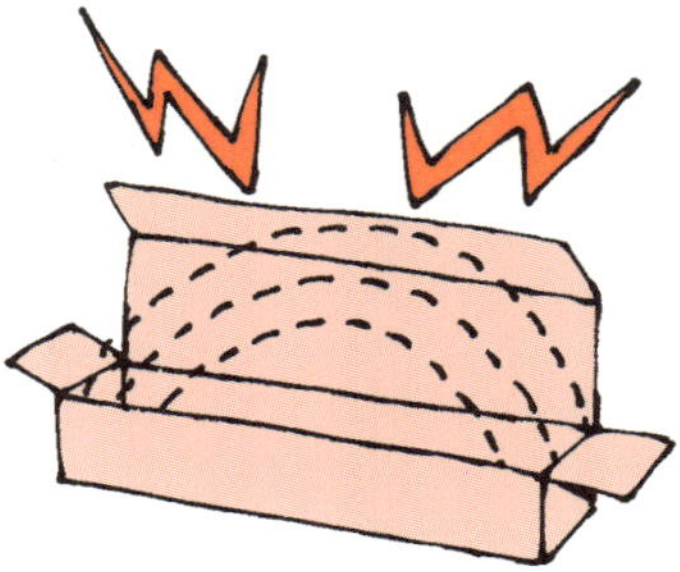

静電気が帯電しない段ボール

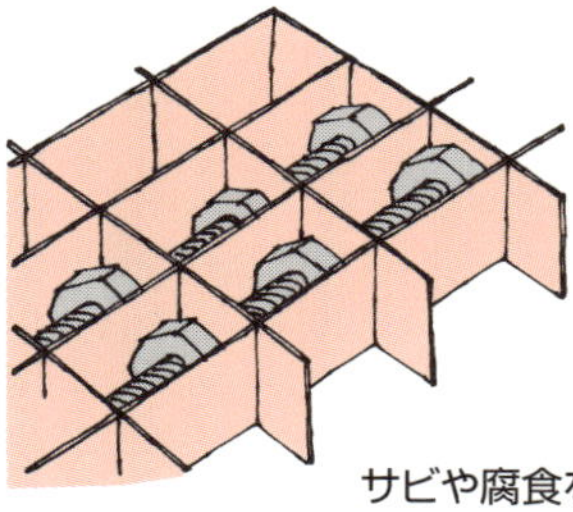

サビや腐食を防ぐ
段ボール

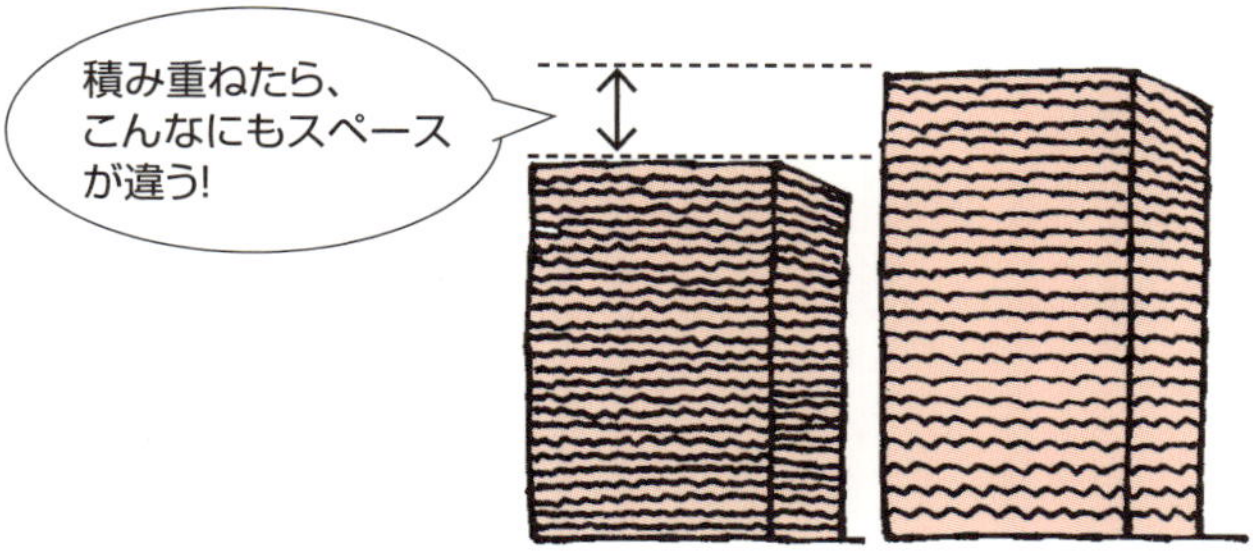
積み重ねたら、
こんなにもスペース
が違う!

薄くても強い段ボール

Column

段ボールの父 井上貞治郎

「紙にしようか、メリケン粉にするか、私はまだ迷っていた」。わが国段ボールの生みの親、井上貞治郎《ていじろう》の「私の履歴書」（日本経済新聞 1959年6月28日）はそんな書き出しで始まっている。考えあぐねた井上は巫女の老婆にどちらを選ぶべきかを尋ね、「ほかはいかん、いかん、紙じゃ、紙の仕事は立板に水じゃ…」と言われ、段ボールづくりを決意した。苦労に苦労を重ねて国産第一号の段ボールを完成させたのが1909年の秋だった。

生家は現在の兵庫県姫路市余部区上余部。1882年8月16日、播州平野に流れる揖保川に近い百戸ばかりの寒村で、農業を営む長谷川家の三男として生まれ、2歳のときに遠縁である井上家の死籍相続人となった。高等小学校を出るや、神戸の商家「座古清《ざこせい》」に丁稚奉公に出され、以後、奉公先を転々としたあげく、中国大陸に渡るが夢破れて帰国した。その間、勤めた仕事は両手に余る程で、まさに流転の前半生を経て、冒頭の巫女のお告げへとつながった。

段ボールを完成させ、朝早くから注文取りや得意先への納品に走り回り、夜は遅くまで糊と汗にまみれて作業を行うなど奮闘努力を続けた結果、段ボールの注文は次第に増え、東京電気（現・東芝）のマツダランプやノリタケの輸出用陶磁器にも使われるようになった。大正時代末期には、段ボール箱は東では「マツダランプの箱」、西では「福助（足袋）の箱」と愛称され、新聞の経済欄に「紙箱が木箱より強い」と報じられたりするなど、その評価は着実に高まっていった。

わが国の段ボール産業の先駆けとなり、艱難辛苦を乗り越えて大きく花開いた井上の人生は、広く人々の共感を呼び、1959年「流転」（朝日放送、夏目俊二主演）、1963年「きんとま一代」（毎日放送、森繁久彌主演）と二度にわたりテレビドラマ化された。

事業が進展し始めた
大正時代の
井上貞治郎
38歳当時の写真

第2章

包装としての段ボール

12 強さの秘密は三角形のトラス構造

段ボールの基本構造

段ボールとは、ライナと呼ばれる真っすぐな紙に、中しんと呼ばれる波形に成形された紙を貼り合わせたものです。中しんを波形にすることで、段ボール箱の最大の特長といえる、上からの荷重に耐える強さが発揮されます。

段ボールの断面を見ると、連続した三角形が並んで波形を形成していることが分かります。波形の紙を2枚の真っすぐな紙でサンドイッチしてできるこの構造こそが、段ボールの強さの秘密です。この三角形が連なった構造はトラス構造と呼ばれ、橋や鉄塔などの構造物、建築物でよく用いられています。三角形は頂点に力が加わっても左右に力が分散し、変形の少ない安定した構造であるため、上からの荷重にもよく耐えることができます。

波形にすることでできる空間によりクッション性にも優れ、平面で衝撃を受けたときには、自ら潰れて緩衝材としての役割も果たします。さらに、この空間が空気層となり、箱の内側の温度変化を抑えるという役割も果たします。このように段ボールには、荷重に耐える強さ、緩衝性、温度変化抑制といった、その構造に由来する特性を持っています。そのため、いかに均質にそろった波形を作るかが、段ボールが真に性能を発揮する上で重要となります。

もう一つ大事な点が、ライナと中しんを貼り合わせしっかりとした構造体をつくるための接着剤です。段ボールの製造工程では極めて高速かつ連続して中しんを波形に成形しライナと貼り合わせます。そのため瞬時に貼り付き、すぐに乾き、強力な粘着力を発揮する接着剤が必要です。そんなすごい接着剤には何が使われているのでしょうか。実は、トウモロコシなどを原料とするでんぷん糊が使われています。同じ植物性の天然素材のため、紙とでんぷん糊はとても相性が良いのです。紙で構造を作りでんぷん糊でつなぎとめたものが段ボールなのです。

要点BOX

- 三角形が連なったトラス構造が、荷重を支え、緩衝性を産み、温度変化を抑制する
- でんぷん糊でその構造をつなぎとめている

段ボールの基本構造

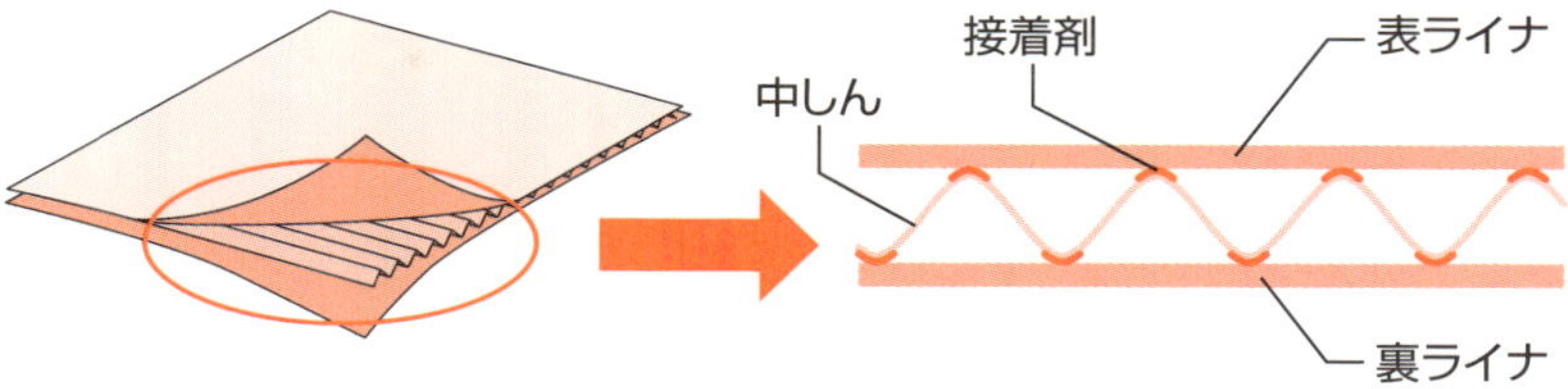

トラス構造

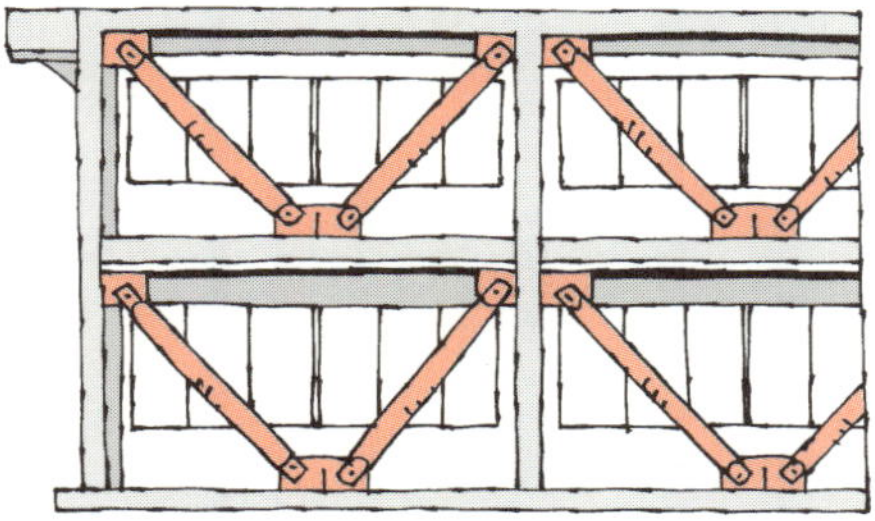

建築物のトラス構造

段ボールのトラス構造

力が分散するイメージ

段ボールの特長

荷重に耐える

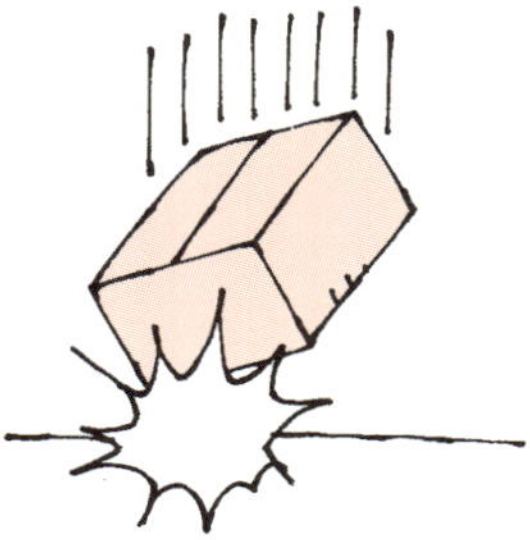

衝撃から内容品を守る

急激な温度変化を防ぐ

13 段（フルート）の種類

アルファベットで分類

段ボールは目的に応じてさまざまな厚さのものがつくられています。厚さは波形に成形された中しんの高さの違いに由来します。この中しんの波形のことを「段」または「フルート」と呼びます。

段ボールはフルートで分類され、アルファベットで名前が付けられています。最初につくられた段ボールは厚さ約5㎜のAフルートでした。その後、缶詰の包装用に厚さ約3㎜のBフルートが開発され、さらに両者の良い面を兼ね備えた厚さ約4㎜のCフルートがつくられるようになりました。開発された順番でアルファベットが付けられたので、フルートは高さの順にはなっていません。A、B、C、各フルートとも、主に輸送、保管に用いられる外装箱として使われています。そのほかに美粧性や成形性を追求した薄いフルートもあり、主に外装箱の中に収納する個装箱に使用されています。

段ボールは厚みが大きいほど箱にしたときの強度が向上するため、重たい内容品を入れる場合はAフルートが好まれます。しかし、Aフルートは他の薄い段ボールに比べ、折り曲げたときの反発力が強く、折りたたんだ箱をたくさん重ねて保管するときにはかさばります。また、厚みが大きいほど箱の展開面積を少し大きくする必要もあり、これらを考え合わせてフルートが選択されます。

一方、段の構成による分類もあります。私たちがよく目にするのは、「両面段ボール」と呼ばれる2枚のライナの間に波形の中しんを1段貼り合わせたものです。ほかに、段が2段の「複両面段ボール」、3段の「複々両面段ボール」もあります。複両面や複々両面段ボールは、組み合わせる段によって厚さが異なります。また、波形の中しんにライナを1枚だけ貼り合わせたものは「片面段ボール」と呼ばれます。厚さや段の構成の選択肢が多いのも段ボールの特長の一つです。

要点BOX

- 段のことをフルートといい、アルファベットで表す
- 段の構成によって、両面段ボール、複両面段ボール、複々両面段ボールに分類される

両面段ボールの断面

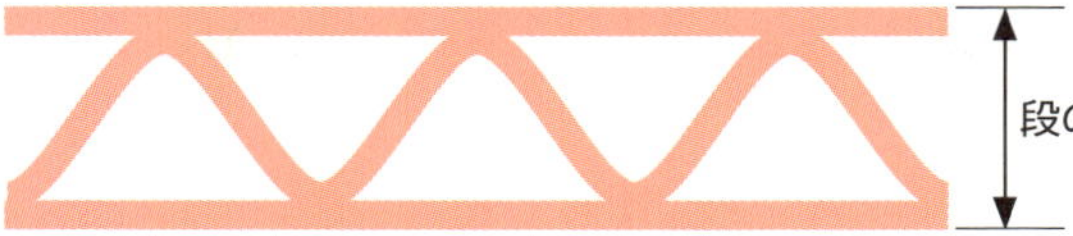

フルートによって段の厚さは異なる

主なフルートの一覧

分類	フルート	段の厚さ mm	主な用途		
			外装	内装	個装
両面段ボール	G	0.5			●
	F	0.6			●
	E	1.5		●	●
	デルタ※	2	●	●	●
	B	3	●	●	
	C	4	●		
	A	5	●		
複両面段ボール	BC	7	●		
	BA	8	●		
	AA	10	●		
複々両面段ボール	AAA	15	●		

※64参照

段ボールの構造による分類

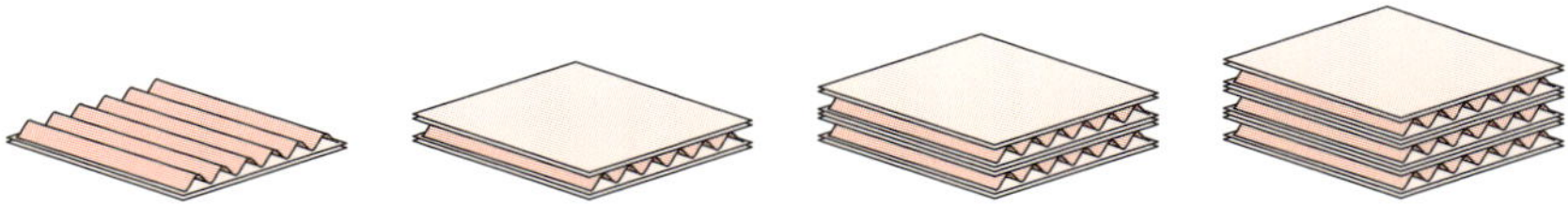
片面段ボール　両面段ボール　複両面段ボール　複々両面段ボール

14 基本の形は0201形

段ボール箱の中で、最も広く一般的に普及、使用されているのが0201形の箱です。0201形とは、JISに規定される段ボール箱の形式の一つです。そういうと難しそうですが、みかんやりんごの箱といった方が分かりやすいかもしれません。0201形の箱は、主に輸送包装に用いられる段ボール箱の中で、最も基本的な形で、広範な分野で大量に使用されています。普通、段ボール箱といえばこの形式の箱がイメージされ、A式ケースとも呼ばれます。

0201形の箱を展開すると1枚の長方形の段ボールシートになります。胴の部分の一番端には継ぎしろがあります。また、箱の天面と底面になる部分はフラップになっています。フラップには外フラップと内フラップがあり、けい線で容易に折り曲げられるように加工されています。封かんするときは、はじめに内フラップを折り曲げ、その上にかぶせるようにして外フラップを閉じます。

段ボール箱をつくる工程は、①コルゲータで3枚の原紙を貼り合わせてシートをつくり、②流れ方向にけい線を入れ、③所定の寸法に断裁し、④印刷機で表面に印刷をして、⑤再びけい線を入れて溝を切り、フラップと呼ばれる折り返し部分や継ぎしろなどをつくり、⑥最後に継ぎしろで糊付けして出来上がりとなります。0201形の箱はこの④から⑥の工程を、フレキソフォルダグルアと呼ばれる機械に、段ボールシートを1回通すだけで製造できるため、最も生産効率のよい形式といえます。

箱を組み立てたときに4つの壁面の段目が縦に配置されるため、上からの荷重にもよく耐えるので強度の点でも合理的です。また、箱の組み立ては機械と人手のいずれも可能で、内容品を収納した後も粘着テープなどで簡単に封かんできます。このように0201形はシンプルで最も無駄のない形式なのです。

最も一般的な段ボール箱

要点BOX

- 段ボールの外周を切断し、けい線を入れ、溝を切るなどして箱になる
- 0201形は最も無駄が少なくて生産効率も良い

0201形の段ボール箱の展開図

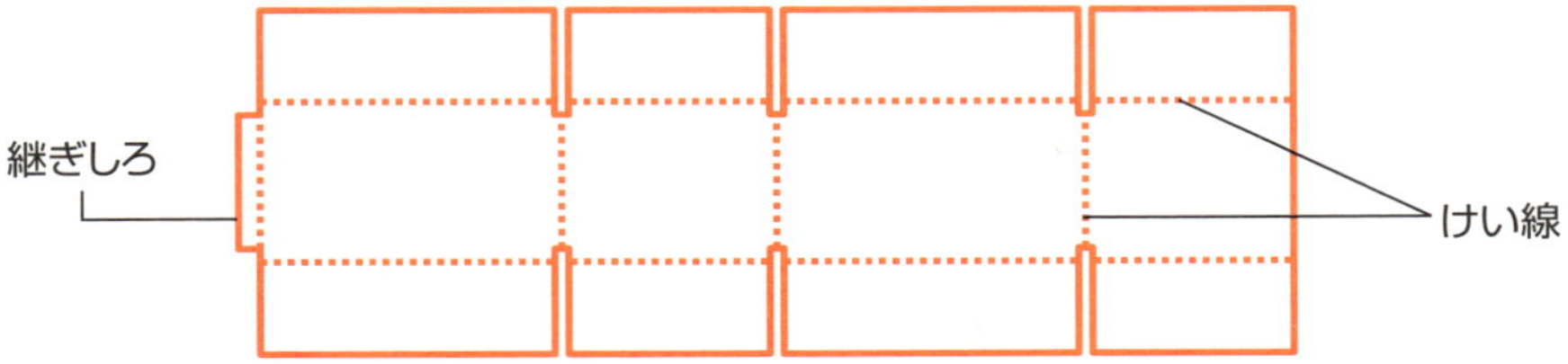

継ぎしろを接合して折りたたんだ状態

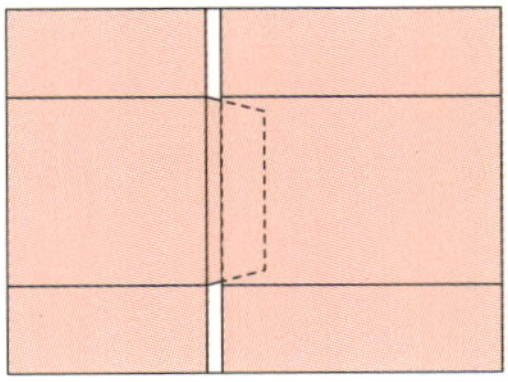

段ボール箱のフラップ

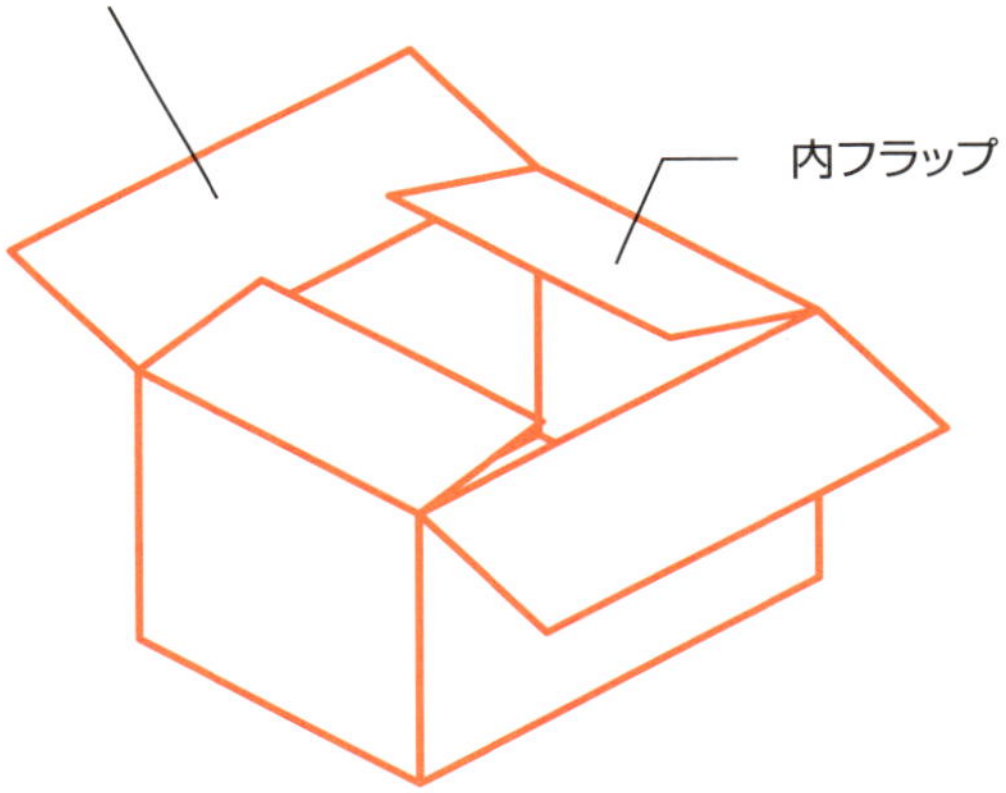

箱に組み立てた0201形の段目方向

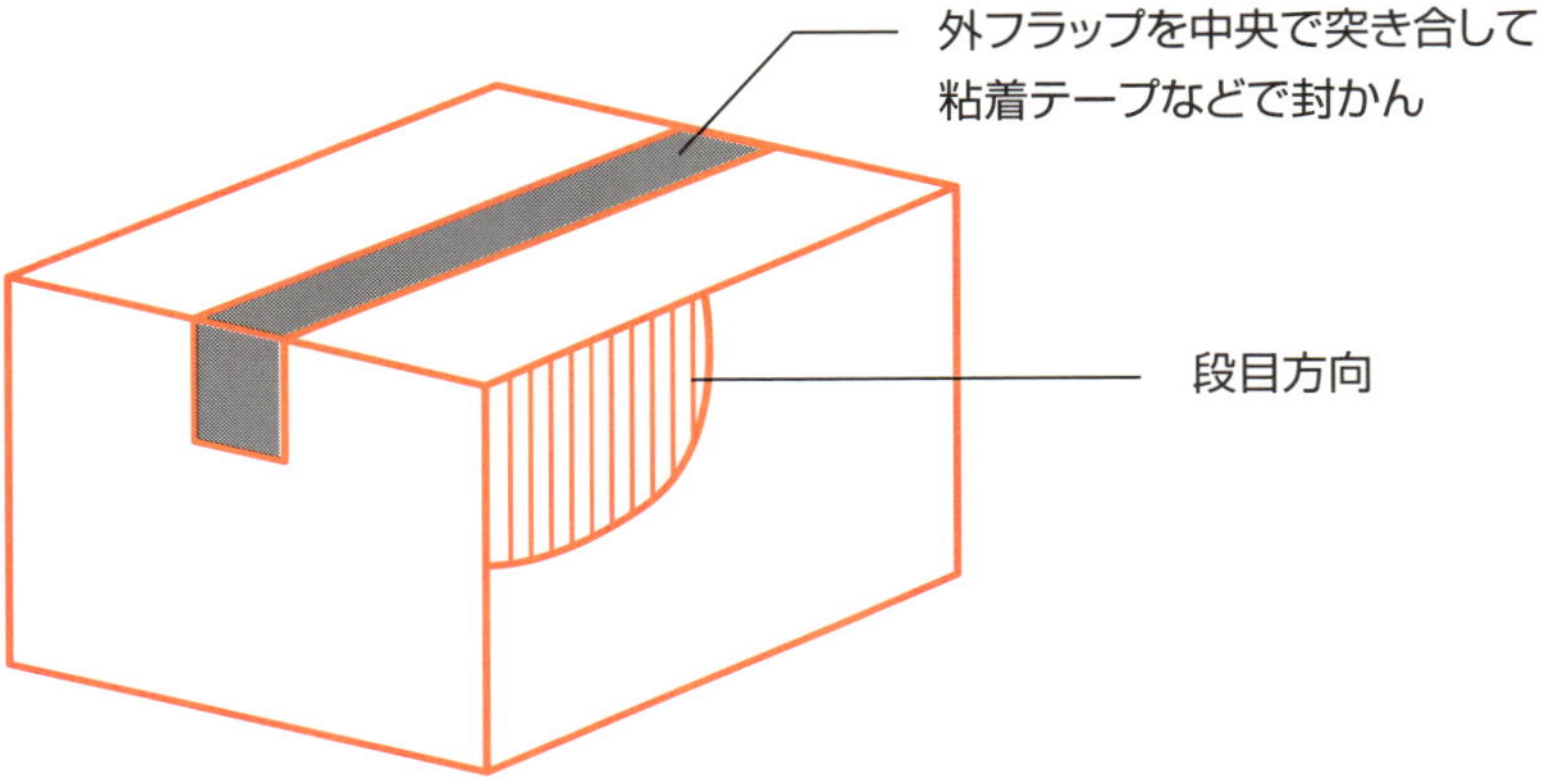

15 段ボール箱といっても形式はいろいろ

段ボール箱の形式

段ボール箱は内容品や包装作業の仕方に応じて、さまざまな形の箱に加工されますが、その基本となる形式がJIS Z 1507に規定されています。形式は4桁のコード番号で示され、上2桁は基本形式、下2桁は個別形式を表わします。基本形式は7種類で、「02形」、「03形」、「04形」、「05形」、「06形」、「07形」の6つの箱の形式と、仕切りやパッドなど付属類の形式が「09形」として分類されています。個別形式と組み合わせると箱の種類は50種類もあります。なお、01形と08形はありません。

いちばん基本的な形式が02形で溝切り型と呼ばれ、1枚の部材からなり、フラップと継ぎしろを有します。中でも「0201形」が最も一般的ですが、フラップの長さ（突合せの位置）の違いで個別形式が分類されています。また、インターロックと呼ばれる底面の封かん材が不要な形式は「0215形」で規定されています。

03形はテレスコープ形と呼ばれ、身とふたからなる形式で、2つ以上の部材で構成されます。ギフト箱などによく使用されています。

04形は組立型と呼ばれ、1つの部材からなる形式です。中でも、ラップアラウンドと呼ばれる「0406形」と「0407形」は専用の自動包装機によって高速で包装され、缶やPETボトル飲料を中心に幅広く使用されています。

05形は差し込み形と呼ばれ、2つの部材を組み合わせる形式です。

06形はブリス形と呼ばれ、本体と2枚の側面からなり、専用の組立て機で接合し組み立てる形式です。

07形は糊付け簡易組立て形と呼ばれ、1つの部材をあらかじめ接合して折りたたみ、簡単に組み立てられる形式です。「0712形」と「0713形」は底面が簡単に組めることから、ワンタッチ形式などと呼ばれています。

要点BOX
- ●段ボール箱の形式の組み合わせは50種類
- ●缶やPETボトル飲料の箱はアップラウンドと呼ばれている

段ボール箱形式の代表例とコード

〔0201〕

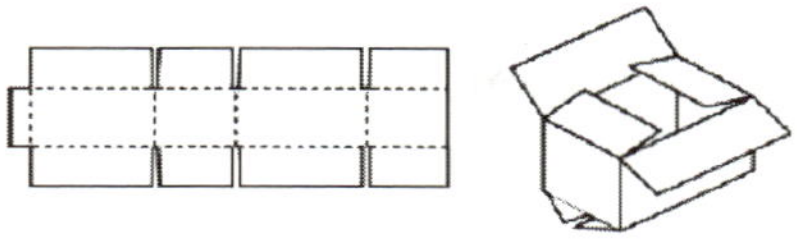

〔0215〕インターロック

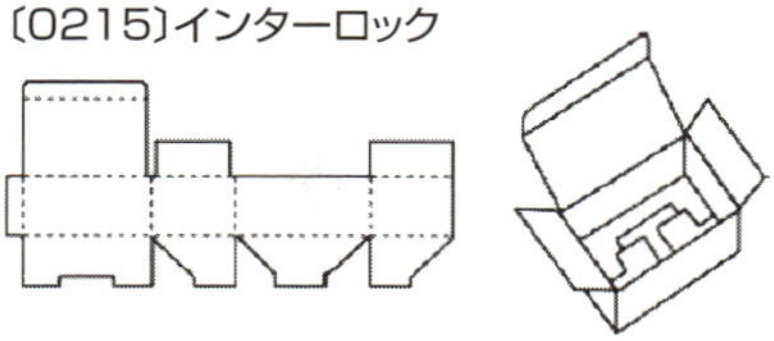

〔0301〕身とふた

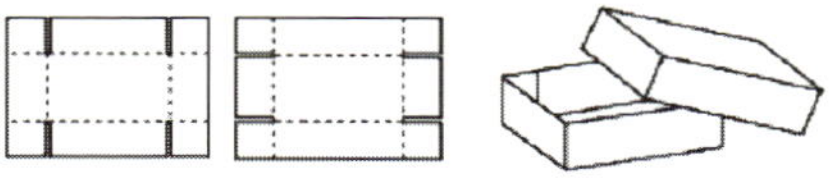

〔0422〕

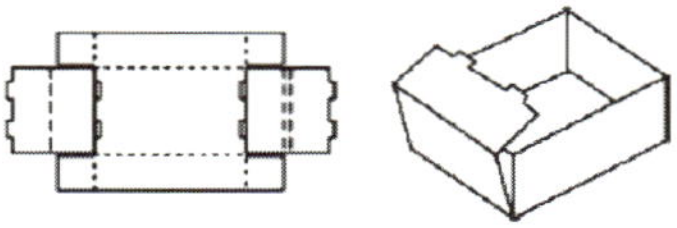

〔0407〕ラップアラウンド内グルータイプ

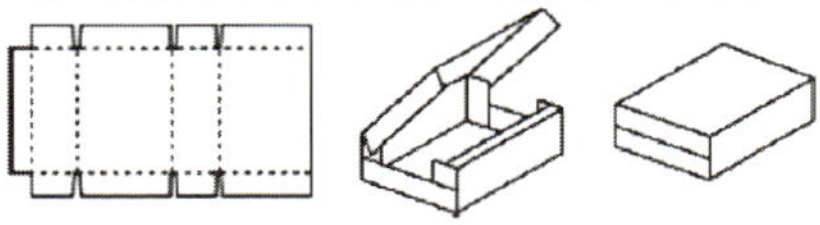

〔0510〕

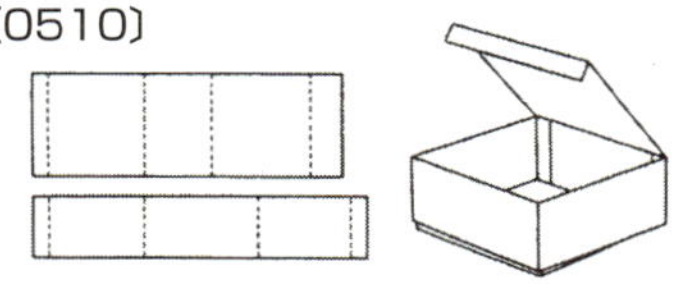

〔0602〕ブリス形

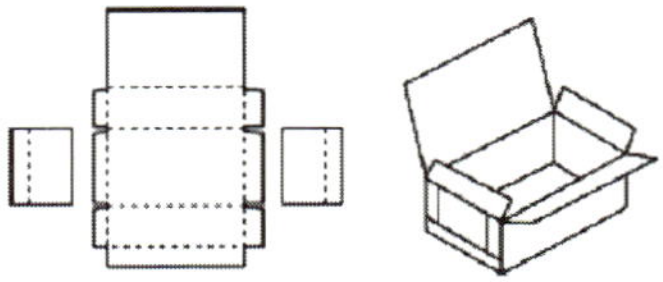

〔0712〕ワンタッチ形式

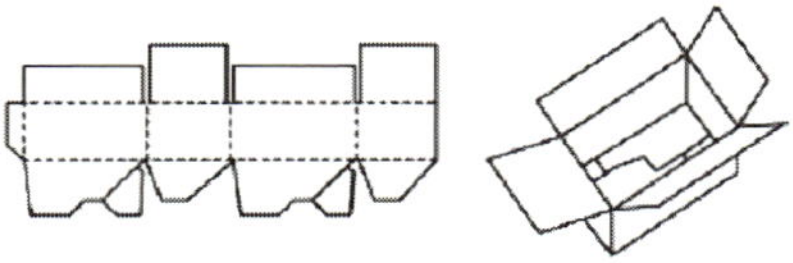

付属類の代表例とコード

〔0901〕パッド

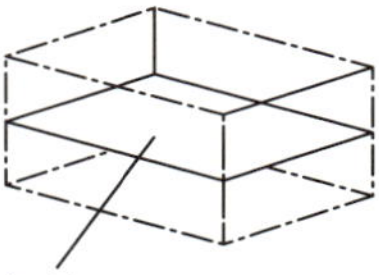

パッド

〔0904〕胴枠

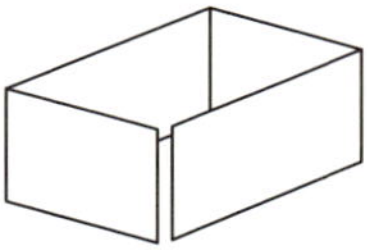

胴枠

〔0933〕仕切り

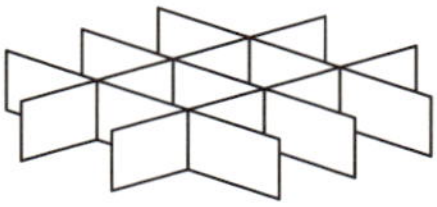

組み仕切り

16 ノンステープル段ボール箱

封かん材が必要ない段ボール

0201形の段ボール箱の場合、フラップが天面と底面にあり、内容品を収納する際には必ず封かん材でフラップを閉じる必要があります。現在、段ボール箱の封かんには、粘着テープやホットメルトと呼ばれる加熱溶融して使う接着剤がよく使用されていますが、かつては、ステープルと呼ばれる金属針が一般的でした。現在でも、青果物用段ボール箱を中心に限られた分野では使われ続けていますが、このステープルを使わなくても封かんできるよう開発されたのがノンステープル段ボール箱です。

ステープルは、文房具のホチキスの針を大きくしたようなもので、ワンプッシュで内と外のフラップを連結し封かんできるという利便性があるものの、封かんや開封の際に大きな力が必要になり、農業現場の高齢化が進むにつれて対策が求められるようになりました。

また、針の先端で怪我をする恐れがあるうえ、取り外した金属針が内容品の間に混入すると、食品加工などの現場で、異物混入トラブルを引き起こす可能性も指摘されるようになりました。食品の安全性に対する消費者の意識がますます高まる昨今、異物混入は大きなリスクとなります。

それ以外にも、使用後のステープルは金属なので、段ボールとは分別して廃棄する手間も生じます。

ノンステープル段ボール箱は、組み立てや封かんに際して一切封かん材を必要とせず、これらの問題を解決しました。段ボール箱のフラップにさまざまな加工を施して、誰にでも手軽に簡単に組み立てられて、しっかりとふたをして封かんできるよう工夫されています。

いろいろな形式のものが開発されていますが、重さや形状の異なる青果物の種類に応じて使い分けられています。組立て方についても箱の表面にイラストで解説するなどの配慮がなされています。

要点BOX

- ●フラップに工夫を加え、封かん材を不要にしたノンステープル段ボール
- ●内容品に合わせて形態が開発されている

代表的なノンステープル段ボール箱の封かん方法

カインドロック

底のフラップの一部がヒレになるよう加工されており、もう一方のフラップに開けたスリットに差し込むタイプ。内容品自身の重量によりヒレが抑え込まれ、しっかり封かんされ底抜けも起こりにくい。

かにかにロック

フラップにV字形の切欠きを設け、もう一方のフラップに開けたスリットにその角をはめ込むタイプ。底抜け防止効果が高く、重量物野菜などに適す。

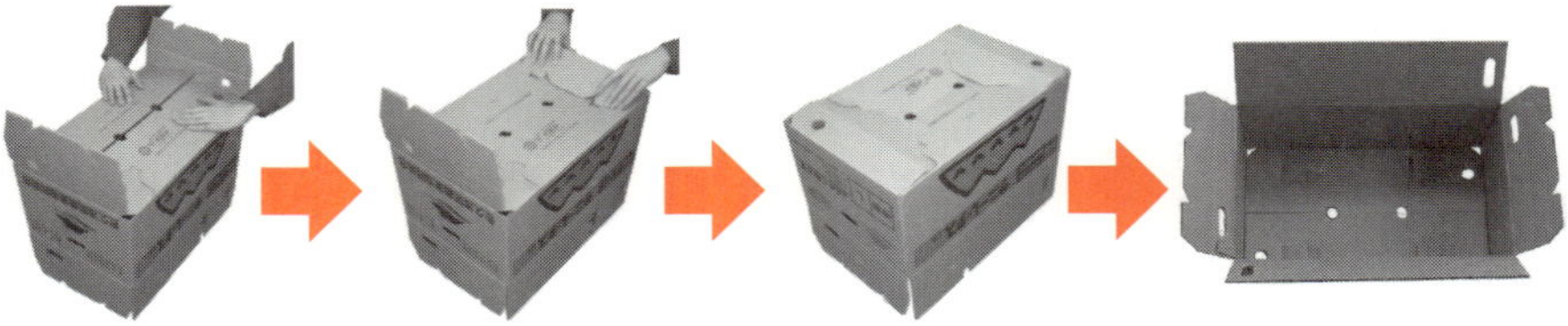

スライドロック

内容品をぎっしり詰め込んで上ぶたが盛り上がっても、内容品を傷めず閉じることができる上ぶたの形式。

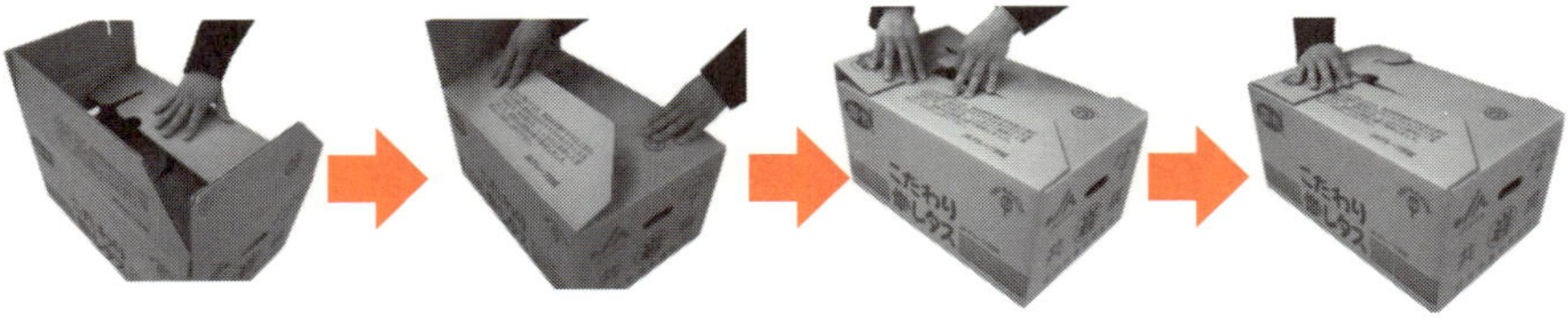

17 重たい機械も運べる段ボール

重量物用段ボール

機械のような重たい物や、まとまった量の液体、粉体などを運ぶ場合、木材や金属などの堅くしっかりとした素材を使って包装しますが、組立て作業や使用後の解体に時間や手間がかかり、廃棄も容易ではありません。しかしながら、通常の段ボールではとても強度が足りません。そこで登場したのが、極めて強度の高い特殊な板紙と、強く貼り合せることのできる特殊な糊を用いた重量物用段ボールです。

段の種類には、複両面段ボール（AAフルート等）と複々両面段ボール（AAAフルート、AABフルート等）の2種類があり、複々両面段ボールはトリプルウォールとも呼ばれます。

非常に硬く剛性に優れた段ボールなので、特に強度が求められる用途に最適で、OA機器や自動車部品などの輸出のほか、海外では青果物の大量輸送にも用いられています。材質は、衝撃や荷重に対する強度をもとに、いくつかの分類がありますが、通常の段ボールに比べて製造条件や加工方法に制約があるため、その数はあまり多くはありません。

ひと口に重量物といっても、内容品の質量が10kgを超えるようなものは、木材や金属などで包装されることが多く、およそ50～100kgの範囲が重量物用段ボールで扱われる対象となります。なお、50kg以下の場合は、通常の段ボールの使用が検討されます。

重量物用段ボールの箱の形式としては0201形だけでなく、内容品の出し入れの作業性なども考慮し、0201形の天面のフラップをなくした形式や、0201形の天面と底面のフラップをなくしてスリーブ状にしたものにトレイをかぶせた形式、身とふたの2ピース形式などがよく使われています。

また、包装以外にも、段ボール製パレットの天板やトランクルームなどのほか、家具や遊具にも用途展開されています。

要点BOX

- 木箱などの代替として開発された
- AAフルートとトリプルウォールがあり50～100kgのものを包装する

AAやAAAフルートなどが使用される

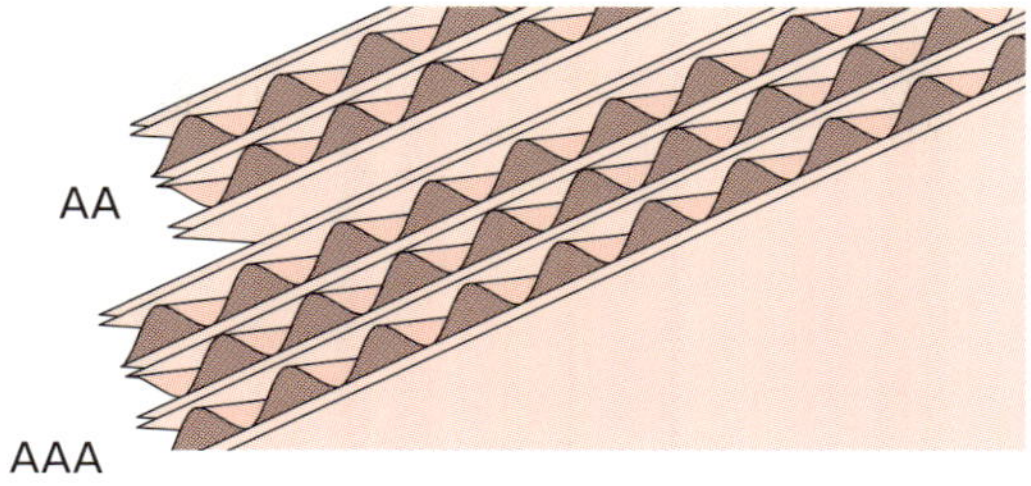

重量物段ボールの代表的な包装仕様

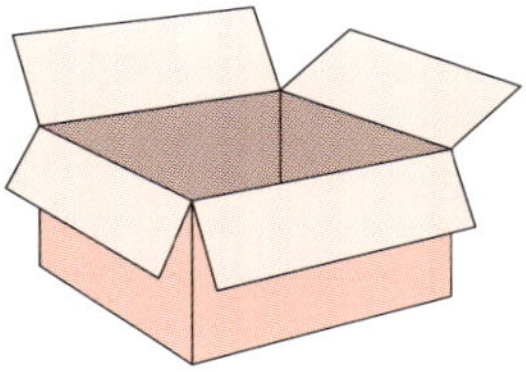

0201形

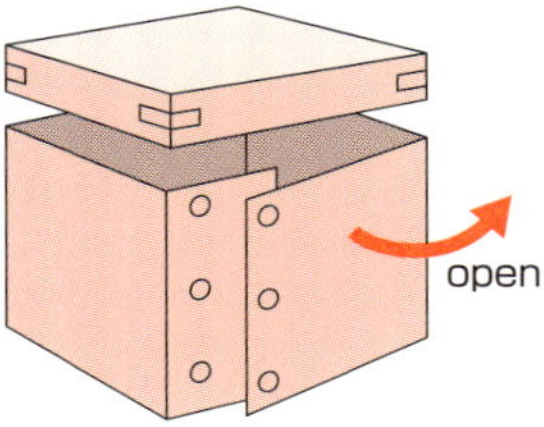

スリーブとふた

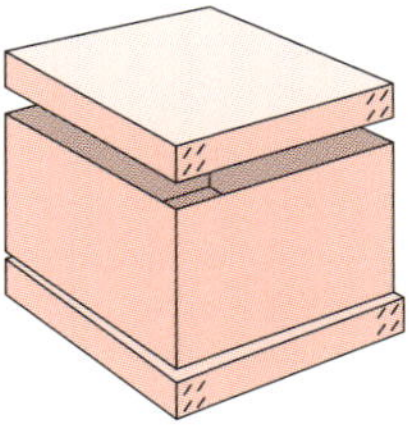

スリーブに底トレイとふた

段ボールパレット

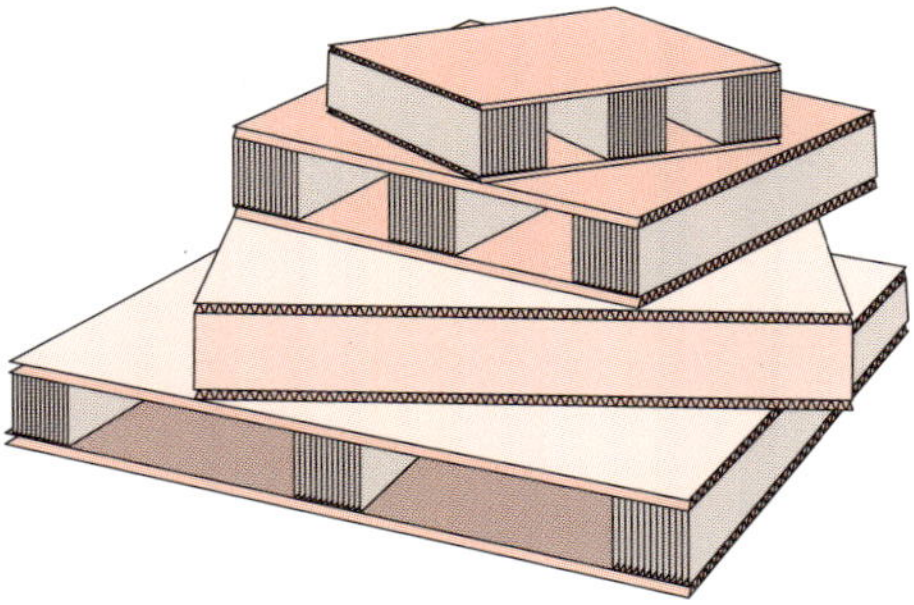

18 クッションにもなる段ボール

壊れやすい内容品を運ぶ際には、緩衝機能を持った部材で保護する必要があります。家庭電化製品などの緩衝材として、発泡スチロールを目にされたことも多いと思います。発泡スチロールは、緩衝性能が高く、製品形状に合った成形ができるため広く普及していますが、とてもかさばるため、輸送や廃棄、リサイクルなどの環境面での負担が大きくなってしまいます。

そこで、その代替品として登場したのが段ボール緩衝材です。単純な紙素材のものと比べて、段による厚みと構造（12参照）を持つ段ボールは高い緩衝性を発揮します。

簡単な加工でさまざまな形に組み立てることができるため、内容品に合った形状と緩衝性を持たせた仕様にすることも容易です。また、設計の工夫で外装箱のフラップなどを緩衝固定材として用いれば、別途部材が不要になる場合もあります。そして、何よりも大きな利点は、平らな状態で輸送・保管できることです。

このように、段ボール緩衝材には、長所も多い反面、短所として、衝撃を受けて一度つぶれてしまうと、段形状の復元性が乏しく緩衝性が大きく損なわれること、組立て作業が必要なことなどが挙げられます。

組立ての作業性に関しては、段ボールを数枚貼り合せた積層段ボールを用いたり、あらかじめ立体に組み立てておいた部材を使用するなどして改善を図ることも可能で、包装設計における腕の見せどころです。

段ボール緩衝材にはさまざまなバリエーションがありますが、いずれの場合も、内容品の特性に応じた形状を選択し、必要な緩衝距離を確保するとともに、組立ての作業性向上と材料使用量の最小化なども考慮しながら仕様を決めます。使用後は解体も容易で、再び段ボールの原料としてリサイクルすることができます。

要点BOX
- ●簡単な加工で様々な形に組み立て可能
- ●平たい状態で輸送保管可能なことが大きな利点
- ●一度衝撃が加わると特性が大きく変わる

段ボール緩衝材

さまざまな段ボール緩衝材

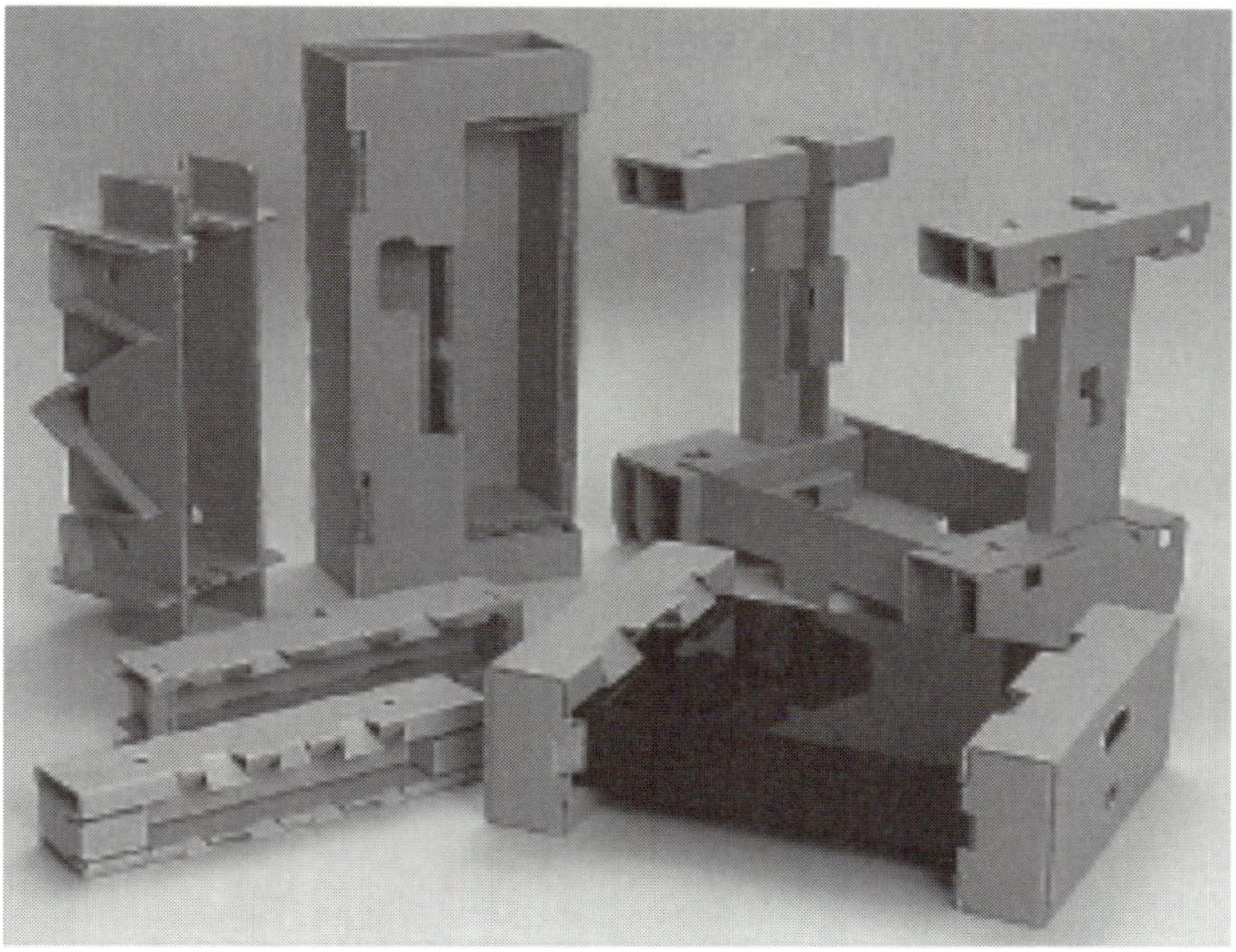

段ボール緩衝材の代表的な仕様

サイドパック型

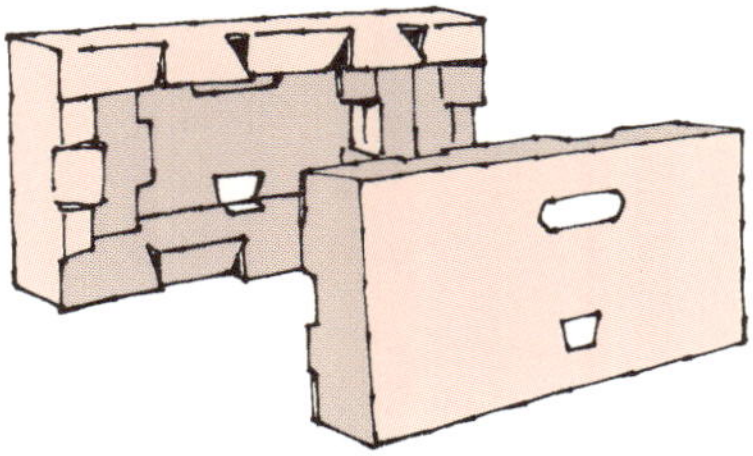

天面簡易緩衝型

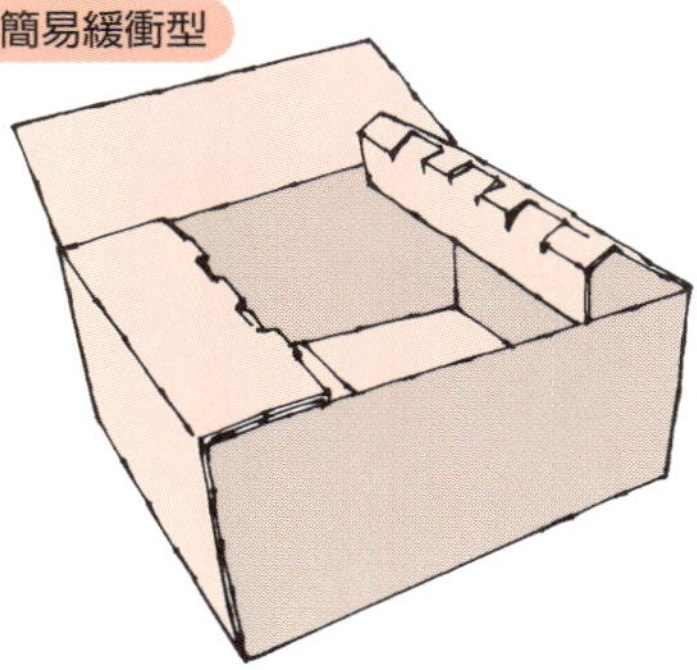

ワンタッチ型

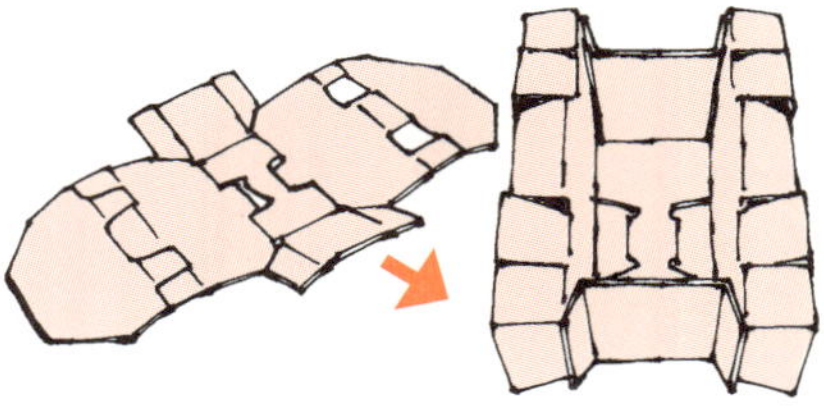

折りたたみ型

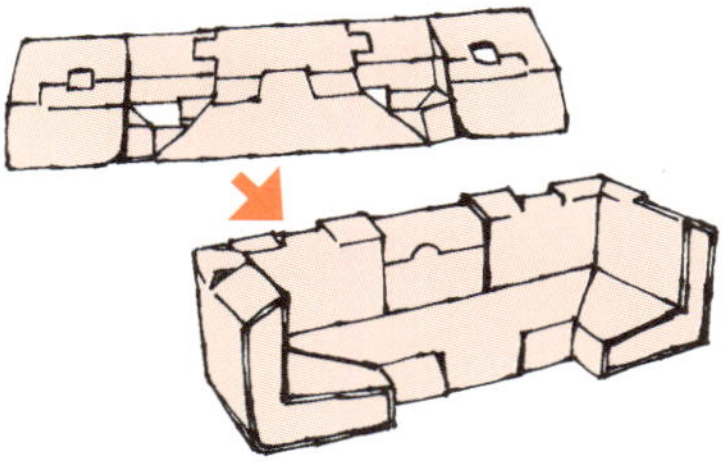

Column

世界の段ボール生産量

段ボールはかさばるため、長距離を運ぶより近くで製造する方が合理的です。そのため、段ボールそのものの輸出入はほとんどありません。日本の段ボールメーカーも海外に進出していますが、もっぱら現地で使われる段ボール箱を製造しています。

戦後、高度経済成長期を経て、日本の家電や繊維メーカなどが安価な労働力を求めて、中国や東南アジアに生産拠点を移しました。しかし、現地で調達できる段ボールは、日本企業の要望にかなう水準ではなかったため、現地進出を求める声が高まり、それに応えて日本の段ボールメーカは、1990年代から本格的に海外事業を展開しました。

現地で生産される段ボールは、輸送包装箱として日本にも輸出されているほか、品質や包装技術の向上を通して、各国の包装文化や経済発展にも貢献しています。

世界全体では1年間に2237億㎡（2015年）の段ボールが生産されています。生産量ランキングの1位は中国（29％）、2位はアメリカ（15％）で、日本は3位（6％）です。これら3カ国だけで世界の段ボール生産量の半分を占めています。段ボール生産量は、経済発展に連動するといわれ、近年はインドやブラジルなど新興国の伸びが顕著です。

世界各国の段ボール生産量（2015年）

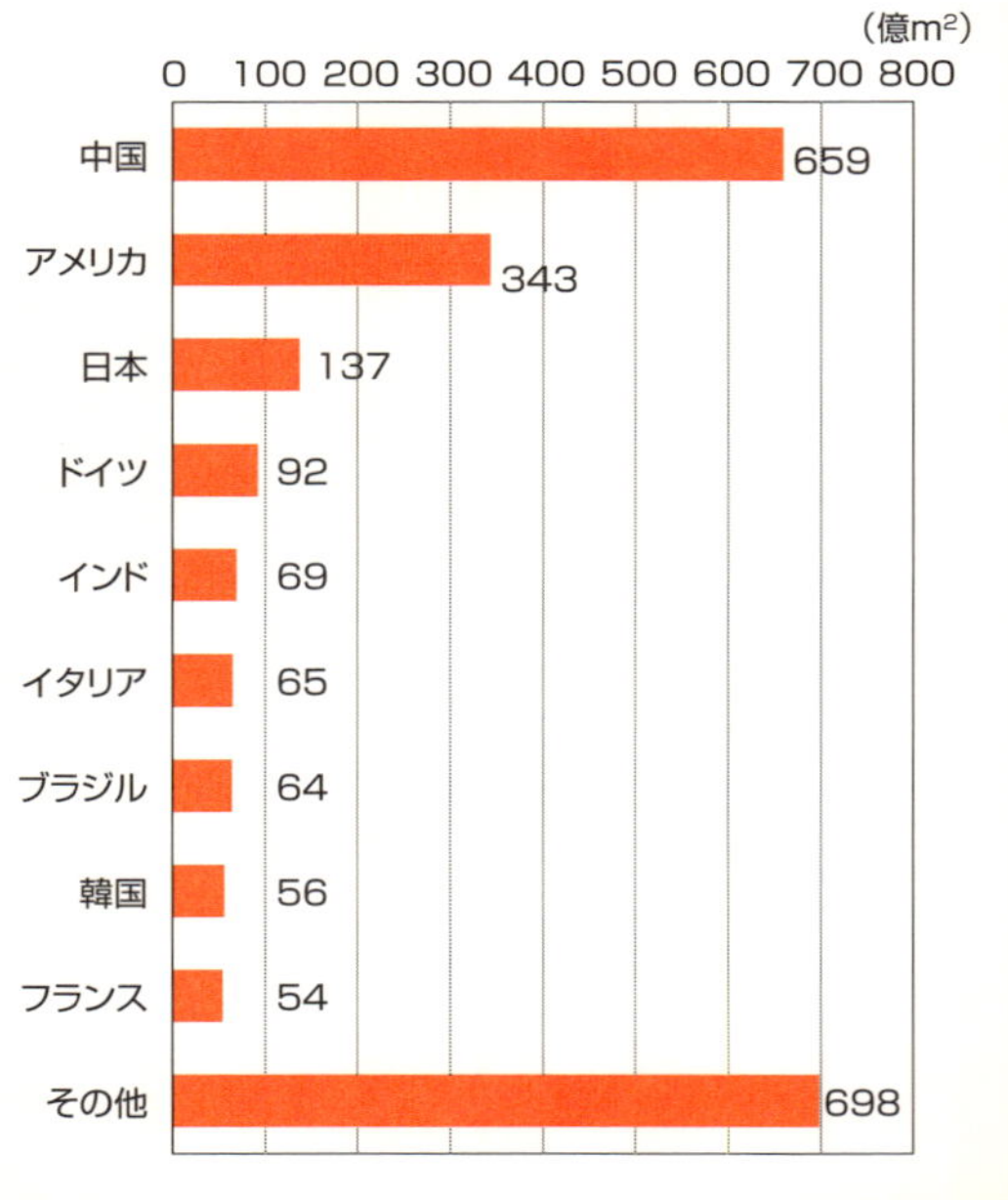

第3章

段ボールができるまで

19 段ボールは板紙3枚で構成

紙は洋紙と板紙に分類されます。洋紙は印刷用紙や新聞用紙などの薄い紙のことを指し、主に印刷物に用いられます。一方、板紙は段ボール原紙や紙器用板紙のような厚い紙を指し、主にパッケージなどの産業分野で使用されます。段ボール原紙は板紙に分類され、段ボールの表面と裏面に使用するライナと、波形に加工されて段を形成する中しん原紙に分類されます。

「ライナ」は、クラフトパルプを主原料とするクラフトライナと、古紙を主原料とするジュートライナに分類されます。現在、日本ではパルプを主原料とするライナはほとんど製造されていません。クラフトとは木材チップからパルプを得る化学処理方法の名称で、ジュートは麻布の繊維という意味ですが古紙のことを指しています。JISでは段ボール用ライナは坪量と強度によって、LA級、LB級、LC級に分類されています。Lはライナ(Linerboard)を意味します。LA級とLB級にはそれぞれ170～280g／㎡の5種類、また、LC級には160g／㎡と170g／㎡の2種類の坪量が定められています。

「中しん原紙」は、セミケミカルパルプといわれるパルプを主原料とするパルプしん（セミしん）と、古紙を主原料とする特しんに分類されます。パルプを主原料とした中しん原紙は現在、日本では製造されていません。JISでは段ボール用中しん原紙は坪量と強度によって、MA級、MB級、MC級に分類されています。Mは中しん（Corrugating Medium）を意味します。MA級には180g／㎡と200g／㎡の2種類、MB級には120～200g／㎡の5種類、MC級には115～160g／㎡の3種類の坪量が定められています。

一般に新聞用紙の坪量が約50g／㎡、コピー用紙の坪量が約60g／㎡ですので、段ボール原紙がこれら用紙に比べて重いことが分かります。

段ボール原紙

要点BOX
- ●段ボール原紙はライナと中しんに分類される
- ●日本の段ボール原紙はいずれも古紙を主原料とする

段ボール用ライナのJIS規格

級	表示坪量 g/m²	ISO圧縮強さ kN/m	破裂強さ kPa
LA	170	1.56 以上	493 以上
	180	1.77 以上	522 以上
	210	2.14 以上	588 以上
	220	2.31 以上	616 以上
	280	3.31 以上	756 以上
LB	170	1.51 以上	442 以上
	180	1.59 以上	468 以上
	210	2.07 以上	525 以上
	220	2.17 以上	550 以上
	280	3.03 以上	672 以上
LC	160	1.21 以上	288 以上
	170	1.29 以上	306 以上

出典:JIS P 3902

段ボール用中しん原紙のJIS規格

級	表示坪量 g/m²	ISO圧縮強さ kN/m	引張強さ kN/m
MA	180	2.01 以上	9.0 以上
	200	2.43 以上	10.0 以上
MB	120	0.91 以上	4.8 以上
	125	0.94 以上	5.0 以上
	160	1.42 以上	6.4 以上
	180	1.59 以上	7.2 以上
	200	1.97 以上	8.0 以上
MC	115	0.72 以上	3.5 以上
	120	0.75 以上	3.6 以上
	160	1.21 以上	4.8 以上

出典:JIS P 3904

20 原料調整が品質の決め手

段ボール原紙の原料調整

段ボールの原料は一部を除いて、家庭や企業から出る段ボール古紙が大半を占めます。その原料調整は段ボール原紙の品質を決める重要な工程です。

段ボール古紙は最初にパルパーと呼ばれる巨大なミキサーに投入され、水を加えてかき回しドロドロの状態にされます。同時に、針金や結束ひもなどが取り除かれます。この工程を離解《りかい》工程といいます。

次に、除塵《じょじん》工程といわれる異物を除去するための工程に運ばれます。ここではクリーナやスクリーンという装置で繊維以外の異物が取り除かれます。

クリーナでは遠心力を利用して、古紙パルプ繊維より比重の大きな金属や砂などを除去します。遠心力により周壁部には比重の大きなものが集まり、中心部には繊維などの比重の小さなものが集まります。さらに、周壁部では下降流が、中心部では上昇流が発生するよう形状が工夫されており、それによって重量異物と繊維とを分離します。

スクリーンでは丸孔やスリットを有するバスケットに原料を通過させることで、繊維よりサイズの大きい異物を除去します。バスケット内部ではローターが回転しており、繊維は丸孔やスリットなどのバスケットの目を通過しますが、それより大きな異物はバスケットを通過することができないため系外に排出されます。ここでは微細なフィルム、発泡スチロール、粘着テープなどが取り除かれます。

こうして異物が除去された原料は、最後の叩解《こうかい》工程でリファイナーと呼ばれる機械で繊維をもみほぐされ毛羽立たせられます。これにより繊維が柔軟になり紙にする際、繊維同士が絡みやすくなるため結合が強くなります。叩解の程度は抄紙機での紙層形成にとても大きな影響を与えます。

このように、離解→除塵→叩解と、多くの工程を経て段ボール古紙から新たな段ボール原紙の原料が作られます。

要点BOX

- ●段ボール原紙の原料は95%以上が段ボール古紙
- ●原料工程が段ボール原紙の品質を決める

パルパーの内部

クリーナー

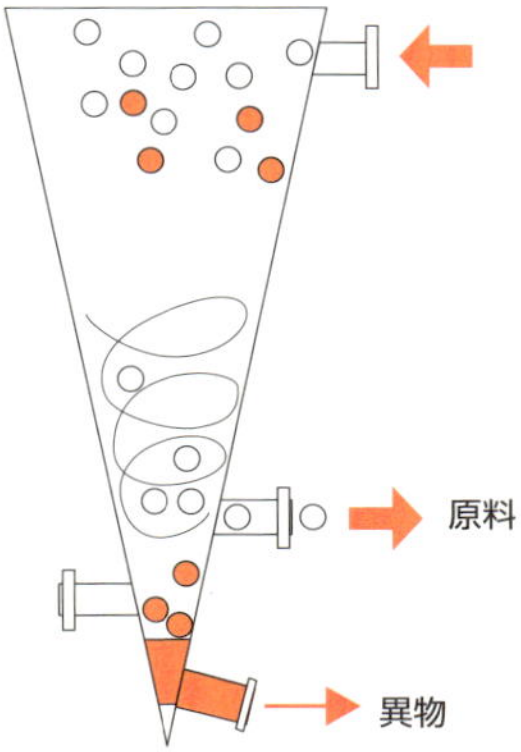

スクリーン

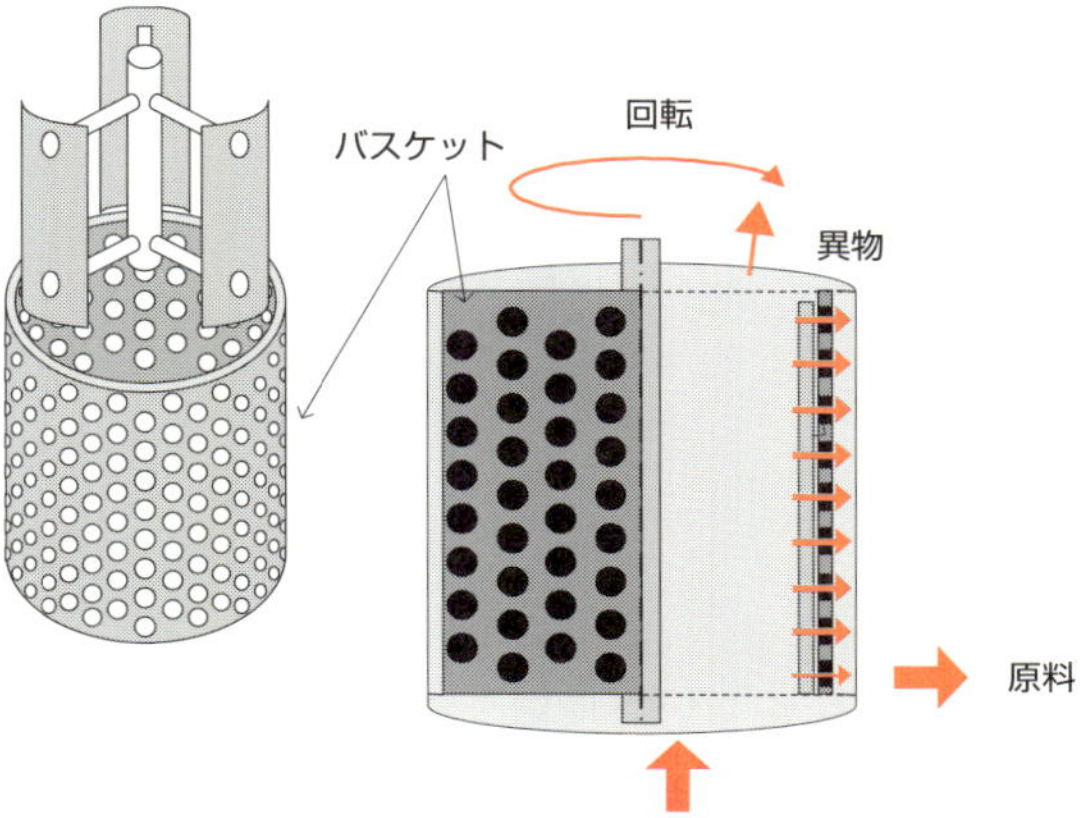

21 巨大な機械「抄紙機」で作られる

段ボール原紙の抄紙機

古代より製紙は手抄きによって行われていましたが、1798年にフランスで連続的に紙を抄く機械「抄《しょう》紙《し》機《き》」が発明されました。1804年にイギリスで初の実用抄紙機が開発され、その後改良が加えられ、1807年に世界初の連続抄紙機が登場しました。

当時の機械は連続的に回転するエンドレスの網の上に原料を流し湿紙を巻き取るもので、乾燥させる設備はありませんでした。この抄紙機は現在の長網抄紙機の原型であり、開発に貢献したフォードリニア兄弟にちなんで、フォードリニアマシンと呼ばれています。

一方、1809年にはイギリスで円網抄紙機が開発されました。これは原料槽の中で回転する円筒金網に連続的に湿紙を汲み上げ毛布に移して脱水、乾燥させる方式です。円網抄紙機は高速で生産することはできませんが、複数の原料槽を並べることで抄き合わせが可能なため、厚い紙の生産には適しています。日本では1955年まで板紙の生産はこの円網抄紙機のみで行われていました。

1960年代初頭には日本の板紙生産量は世界第3位まで成長し、機械の大型化、高速化が求められるようになり、日本で円網の改良機として短網抄紙機が開発され世界に広まりました。

現在、抄紙機は長網抄紙機タイプが主流です。技術革新により多層の抄き合わせを可能にしたマルチフォードリニアや2枚の網の間に原料を流し込むギャップフォーマやハイブリッドフォーマなどが開発されました。今日では、幅10m、全長400m、生産速度1200m／分を超える巨大抄紙機も運転されています。

抄紙機は大型化、高速化が進みましたが、手抄きのころから、紙の繊維を水中で攪拌して細かい網の上に流し込み、水を切り、網から剥がし、乾燥して紙にする基本原理は昔も今も変わりません。

要点BOX

- ●1798年に抄紙機が発明された
- ●現在の主流は長網抄紙機
- ●紙抄きの原理は昔も今も同じ

抄紙機全体

レンゴー㈱八潮工場7号機

抄紙機の後半部分

ドライヤパート（22参照）

22 脱水、搾る、乾燥で原料から原紙に

段ボール原紙の抄紙工程

段ボール古紙から生成された原料は、水で約1％の濃度に希釈して、抄紙機のヘッドボックスと呼ばれる原料吹出し部へと運ばれます。原料はここから高速で走行するプラスチック製のワイヤの上に噴出され、ワイヤ上で走行している間に徐々に脱水され紙層を形成します。この部分をワイヤパートまたはウェットパートと呼びます。ワイヤパート出口での原料濃度は約20％です。

ワイヤパートで紙層を形成した湿紙は、毛布とロールによってプレスパート（搾水《さくすい》工程）へと運ばれます。毛布は湿紙中の水分を吸い取り、途中にある加圧ロールが水分を絞ります。プレスパート出口での原料濃度は約50％になります。

毛布から離れた湿紙はプレスパートからドライヤパート（乾燥工程）へと移ります。ここには内部に蒸気を入れ115～120℃に加熱された鋳鉄製シリンダが多数配置されており、それらの表面を何度も湿紙が通過することで水分が蒸発します。ドライヤパート出口での紙の水分は約8％になります。

その後、ライナの場合はカレンダーを通過させます。ドライヤパートを出た紙は表面が粗く、光沢がないため、表面の滑らかなロールの間で圧力を加えながら紙を通過させ、表面を平滑にして光沢を出します。

近年では、ドライヤパートの途中にサイズプレスと呼ばれる設備を設け、紙の表面に紙力増強剤などを直接塗布することで、紙の強度や平滑性を向上させる取組みもなされています。

ワイヤパート→プレスパート→ドライヤパート→カレンダーの各工程を経て出来上がった段ボール原紙は、抄紙機の最終工程で一旦巨大なリールに巻き取られます。

その後、リワインダーと呼ばれる装置で、段ボール工場で使用する所定の紙幅、長さにカットされ、再び巻き直されて製品となります。

要点BOX
- ●水を搾って紙層を形成
- ●蒸気で加熱したシリンダで紙を乾燥

ヘッドボックスからワイヤ上に噴出された原料

ワイヤパートとプレスパート

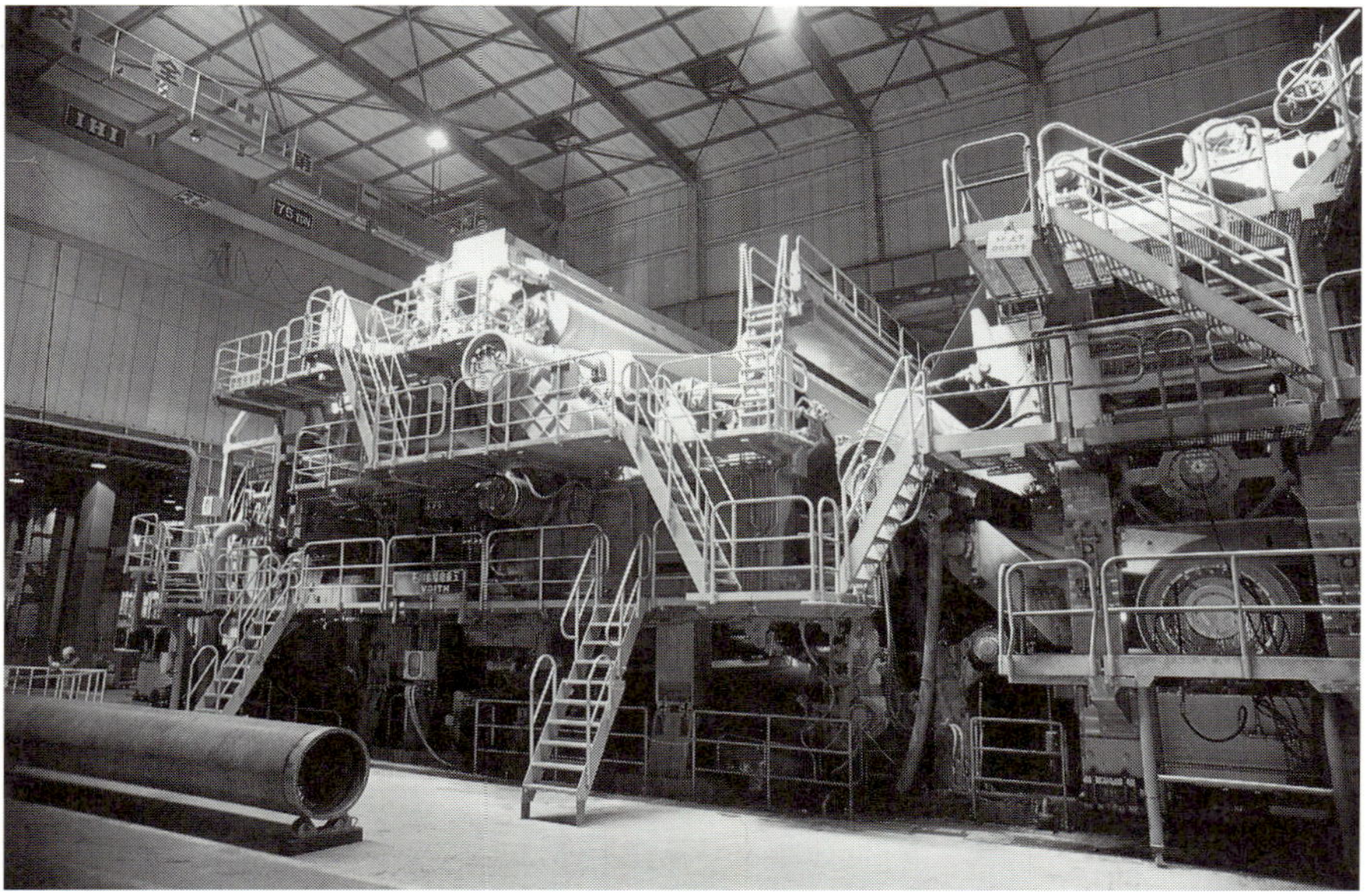

23 段ボール原紙の規格

JISで定められた原紙の規格

「日本工業規格」、通称「JIS」は工業標準化法に基づく国家規格で、さまざまな工業製品に定められています。段ボール原紙にもJISがあり、ライナ、中しんそれぞれで規格が定められています。（19参照）

この規格を満たす品質としては、外観と性能が重要です。紙の裂け、ムラ、穴、汚れ、シワなどの外観の問題（欠点）がないことに加え、坪量と圧縮強さ、破裂強さ、引張強さなどの性能、水分によって等級が決まります。

坪量（JIS P 8124）は、1㎡当たりの重さのことで単位はg／㎡です。ライナ、中しんとも表示坪量の±3％が許容範囲です。例えば、中しんMA級200g／㎡であれば、坪量範囲は194～206g／㎡となります。

圧縮強さ（JIS P 8126）は、12・7㎜×152・4㎜の短冊状に打抜いた試験片をリング状にして試験するため、リングクラッシュ強さとも呼ばれています。単位はkN／mで、ライナ、中しんともにその値が定められています。リングクラッシュ強さは、段ボール原紙の性能を決定する上でとても重要とされる値です。

破裂強さ（JIS P 8131）は、原紙の表面にゴム膜を介して圧力を加え、押し破るのに要する圧力であり、単位はkPa（キロパスカル）です。ライナのみに定められています。

引張強さ（JIS P 8113）は、一定の試験片（幅15㎜など）を切り取り、間隔が180±1㎜になるように両端をつかんで、一定速度で破断するまで引っ張った時の最大荷重です。単位はkN／mです。

水分（JIS P 8127）は、原紙に含まれる水の割合で、JISではリール巻取り時で約8％と定められています。水分はライナ、中しんともに強度に影響を及ぼします。

要点BOX
- ライナは坪量、圧縮強さ、破裂強さで決まる
- 中しんは坪量、圧縮強さ、引っ張り強さで決まる

圧縮強さ（リングクラッシュ法）

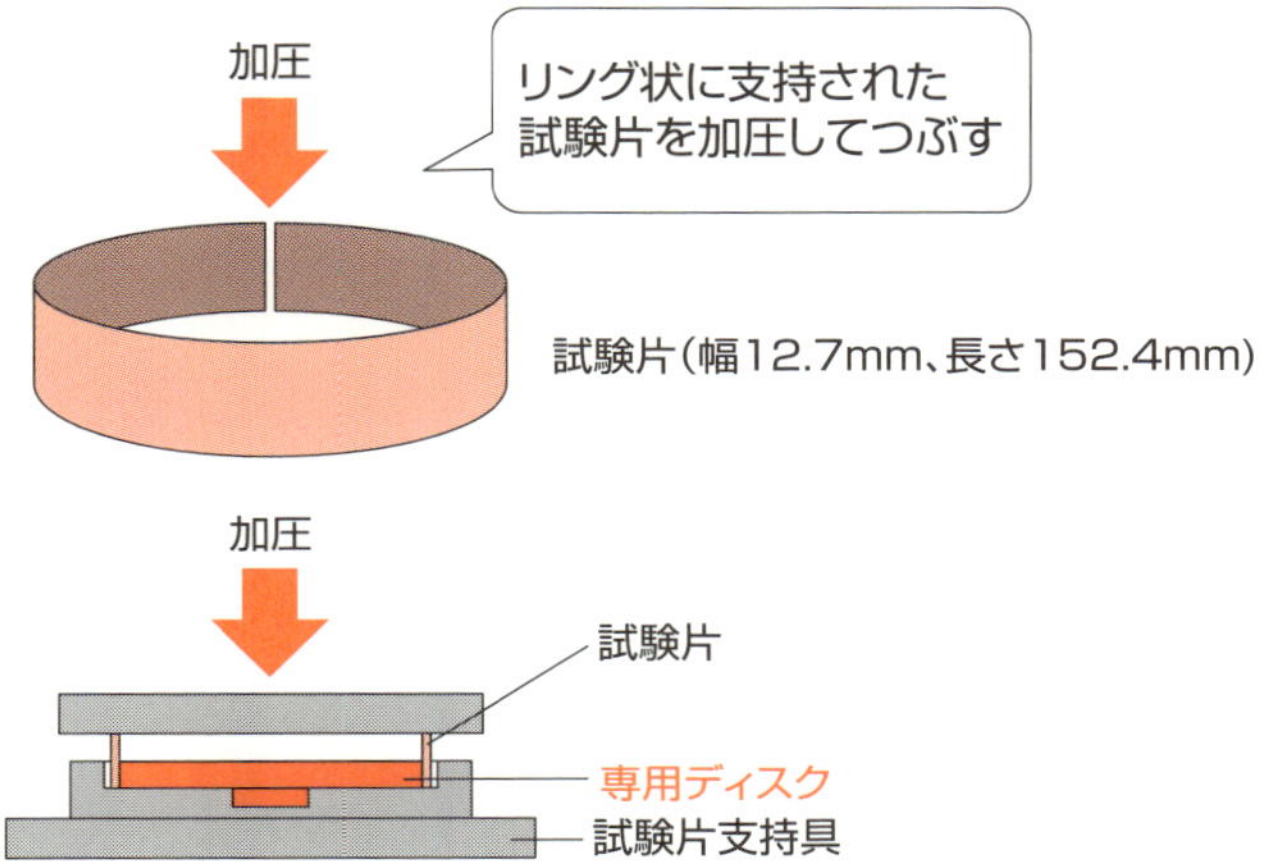

破裂強さ

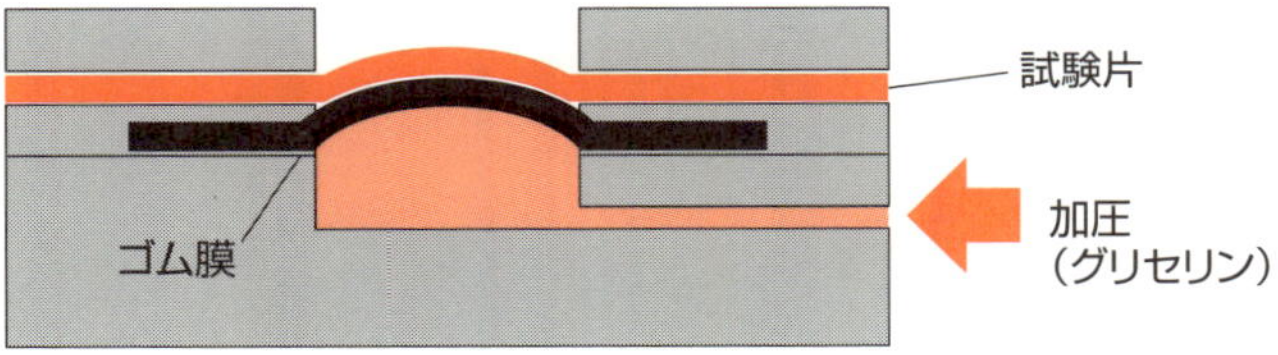

破裂試験後の原紙

24 重要な3つの性能

段ボール原紙の物性評価

原紙は強度に関する規格以外にも、段ボールを製造するときの加工適性や印刷適性を評価するため、「吸水度」、「表面強さ」、「平滑度」の3点に関する試験がJISなどに定められています。

「吸水度」はライナと中しんの接着や印刷の際に、適度な吸水性が必要なために求められる試験です。評価方法にはコッブ法（JIS P 8140）とステキヒト法（JIS P 8122）があり、前者は定められた時間で紙と水を接触させ、紙が吸水した重さを測定します。単位はg／㎡です。後者は試薬が紙に浸透し突き抜けて反応するまでの時間を測定します。単位は秒です。

「表面強さ」はライナ表面の強さを測定する試験です。印刷の際、表面がインキの粘ばりよりも弱いと、表面の膨れや毛羽立ちが発生してしまいます。評価方法としてはワックスによる表面強さ試験方法（JAPAN TAPPI No.1）がよく行われます。これはワックスピッキング法とも呼ばれ、粘着性の異なるワックスを加熱して融かし、紙表面に接着させて冷ました後に引き剥がし、表面に膨れや毛羽立ちが生じるかどうかを評価します。

「平滑度」はライナの印刷適性として表面の滑らかさを評価する試験です。主にベック平滑度試験（JIS P 8119）で行われます。ライナ表面とガラス平面が接触するようにして試験片をしっかり挟み、ガラス平面の中央に開けた穴から減圧によって空気を吸引します。するとライナ表面の細かな凹凸とガラス平面の間にできた隙間から空気が流れます。通常、10㎖の空気が通過する時間（秒）を測定します。表面が滑らかだと空気が通過する時間（抵抗）が長く、表面が粗いと短くなります。

なお、紙の物性は水分の影響を受けやすいので、一定環境条件（標準状態は、温度23±1℃、相対湿度50±2%RH）に調湿して試験を行います。

要点BOX
- 段ボール製造や印刷適性に関係する評価項目がある
- 吸水度、表面強度、平滑度などが重要である

吸水度試験治具(コップ法)

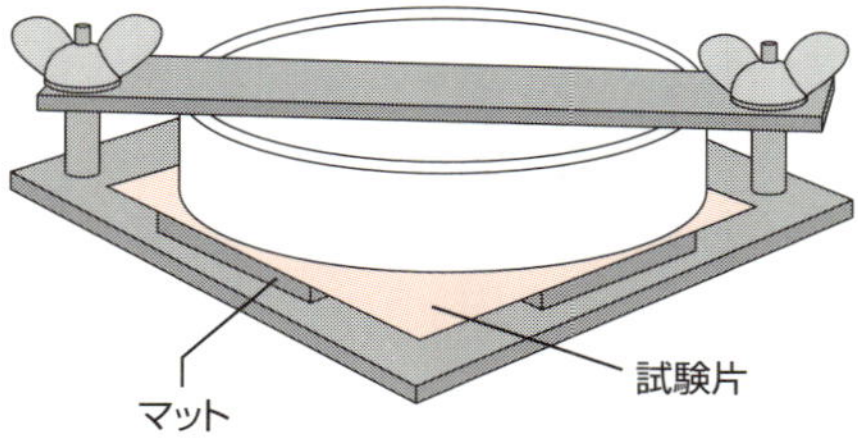

吸水度試験(ステキヒト法)

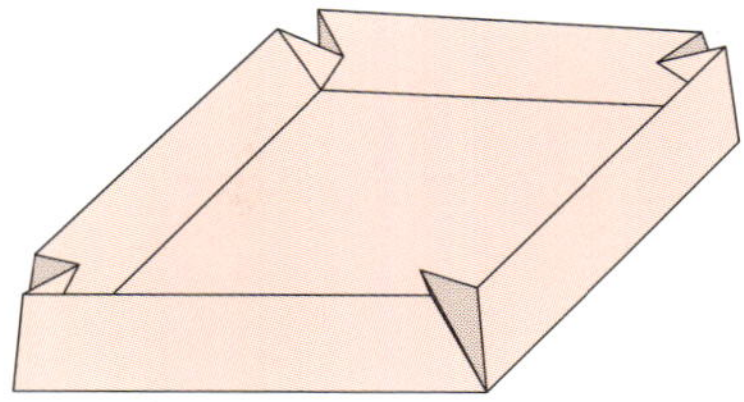

表面強さ試験(ワックスピッキング法)

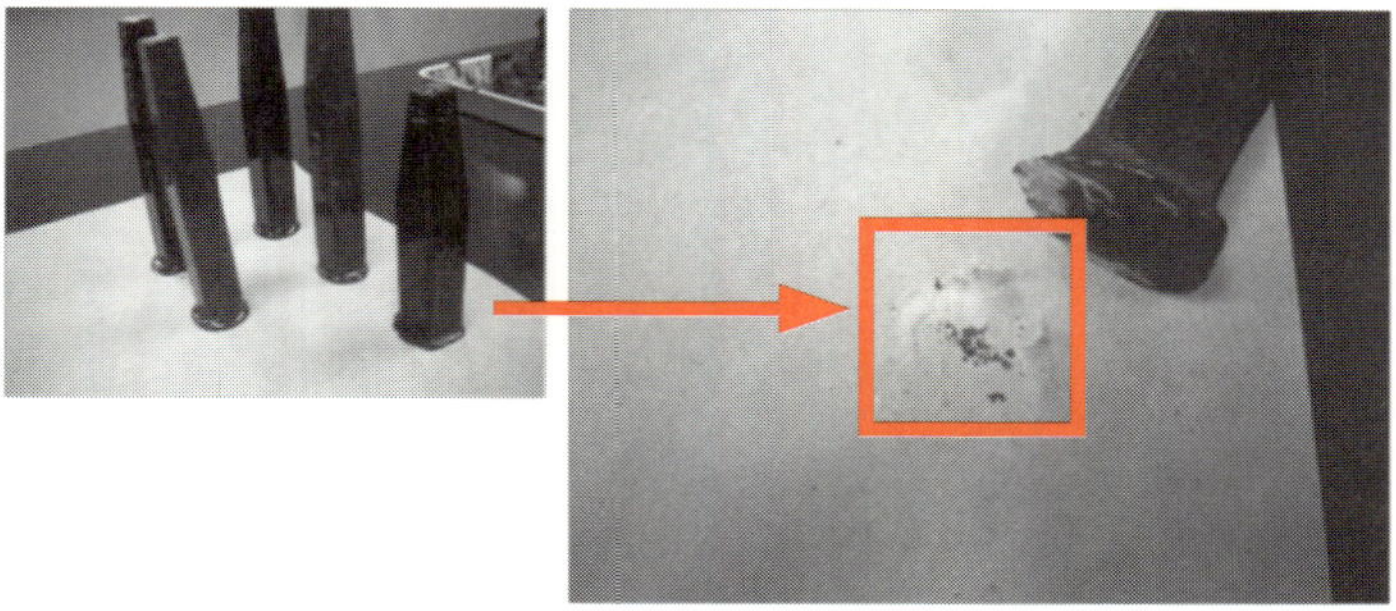

①ワックスの端部を加熱して溶かし、紙の表面に押し当てて接着する。
②15分以上冷ました後、周りを押さえながらワックスを垂直に引き上げる。
③膨れや毛羽立ちを調べる。

平滑度(ベック平滑度試験)

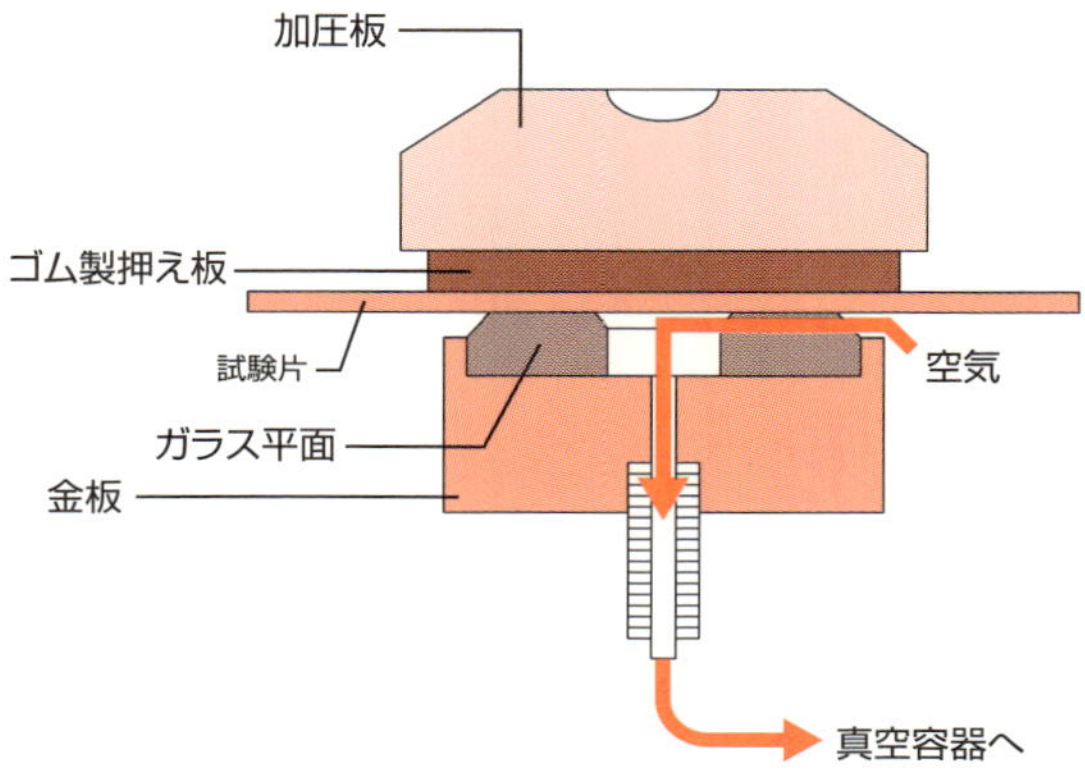

①上側はゴム製の押え板、下側は鏡面仕上げのガラス板となっており、ガラス板の中央には円孔が開いている。
②ガラス板に紙の表面を向け、押さえ板で紙をはさみ、円孔から空気を吸引する。
③紙表面の細かな凹凸とガラス板の隙間を一定量の空気が流れる時間を測定する。

25 段ボールの製造①

コルゲータでつくられる

段ボールの製造には、大きく分けて2つの工程があります。シート状の段ボールを製造する貼合《てんごう》工程と、段ボール箱に加工する製箱《せいはこ》工程です。

　貼合工程ではコルゲータと呼ばれる機械設備で、段ボール原紙を貼り合わせて段ボールをつくります。コルゲータは、ミルロールスタンド、スプライサ、シングルフェーサ、グルーマシン、ダブルフェーサ、スリッタスコアラ、カットオフなど一連の装置を連続的に組み合わせたもので、段ボール製造工程の要といえるものです。この項ではコルゲータの前半部分を説明します。

●ミルロールスタンド

　ライナや中しん原紙を装着し、巻き出す装置です。中しんは加熱しながらシングルフェーサという装置に送られます。紙幅、坪量、速度に応じて制御を行い、紙の張力を一定に保ちます。

●スプライサ

　原紙を自動でつなぎ替える装置です。原紙を使い切ったとき、または、異なる種類の原紙に切替えるときに、コルゲータの速度を下げることなく自動的に原紙をつなぎ替えることができます。

●シングルフェーサ

　片面段ボールを製造する装置です。歯車のように組み合わされた2本の段ロールの間に中しんを通して波形の段を成形します。段ロールは約１８０℃に加熱されています。段成形直後、段頂にでんぷん糊を塗布しライナと貼り合わせます。段ロールを入れ替え、フルートをつくり分けることも可能です。美しく強い段を形成する、まさにコルゲータの心臓部といえる装置です。

●グルーマシン

　片面段ボールにライナを貼り合わせるために、片面段ボールの段頂にでんぷん糊を塗布する装置で、速度に応じて糊の塗布量を自動制御します。

要点BOX

●コルゲータでライナと中しんを貼り合せる
●シングルフェーサで片面段ボールをつくる

コルゲータ

シングルフェーサ

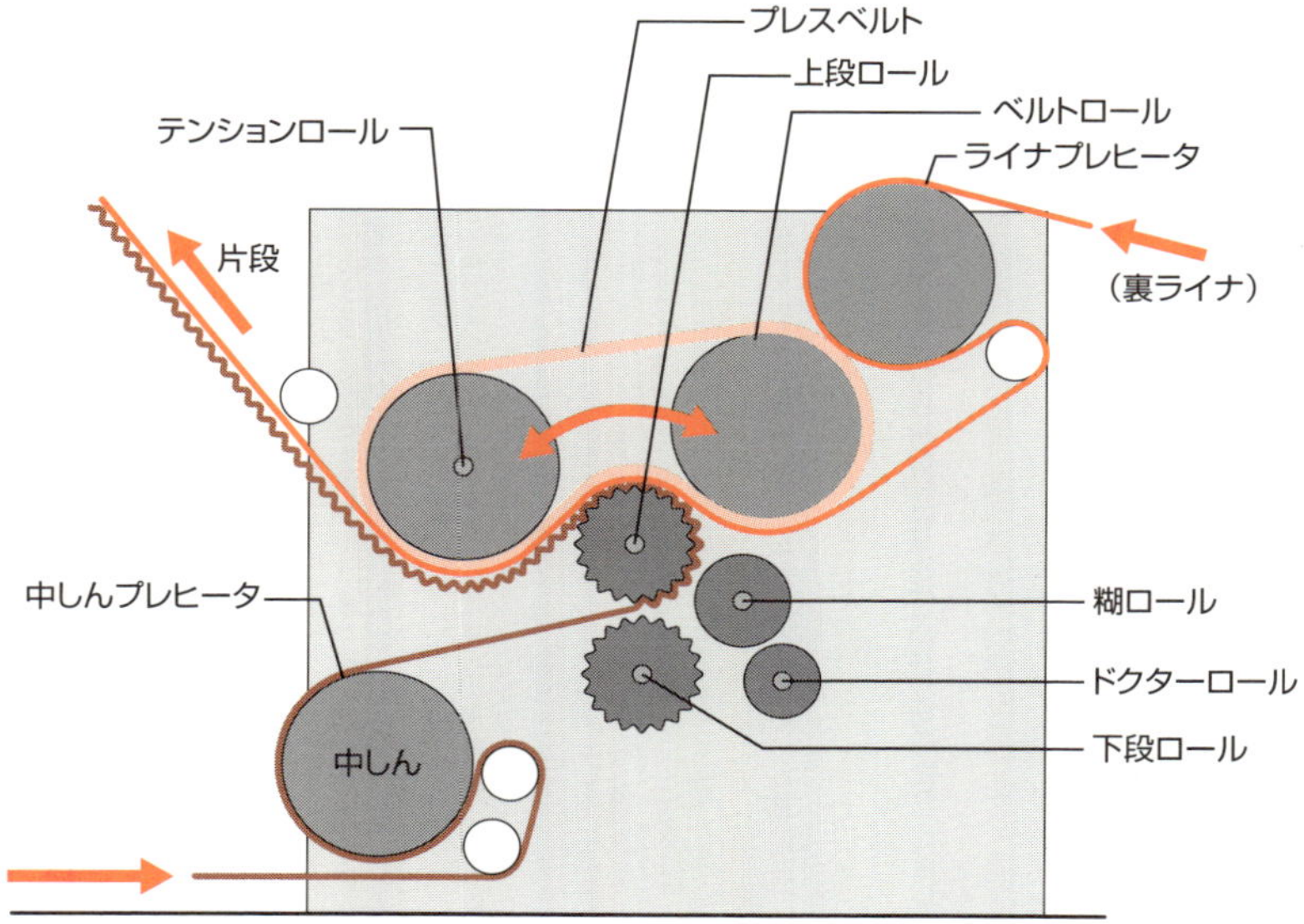

26 段ボールの製造②

コルゲータでつくられる

ここではコルゲータの後半部分を説明します。

●ダブルフェーサ

グルーマシンで段頂にでんぷん糊が塗布された片面段ボールとライナを貼り合せる装置です。ヒーティングパートとクーリングパートの2つのユニットで構成されており、ヒーティングパートには熱盤と呼ばれる約180℃に加熱されたプレートが何枚も設置されています。貼り合わされたばかりの片面段ボールとライナを、綿ベルトとその上のロールによって熱盤の上に押し当てながら滑らせて搬送します。その間に熱でしっかりと貼り合わせられた両面段ボールになります。

クーリングパートは上下が綿ベルトの搬送装置からなり、ヒーティングパートを通過した両面段ボールを放熱させます。複両面段ボールの場合は、片面段ボールを二段重ねにして貼り合せます。

●スリッタースコアラ

ダブルフェーサで貼り合わされた段ボールシートを機械の流れ方向に沿って所定の位置に連続でけい線とスリットを入れる装置です。このときのけい線は、主に0201形のフラップのけい線になります。

●カットオフ

けい線とスリットが入れられた段ボールを、機械の流れ方向に対して垂直の幅方向に切断する装置です。±0.5㎜の精度で所定の寸法に切断することができ、瞬時かつ自動的な寸法切替えが可能です。この段階で段ボールは所定の寸法に切断された1枚1枚のシートになります。シートは所定の枚数に積み上げられ、次の製箱工程に運ばれます。

最近では、幅2800㎜、毎分300m以上の広幅高速コルゲーターも開発され、安定した品質の段ボールが製造されています。

段ボールの品質はライナと中しんの接着に大きく左右されます。現在、段ボールの貼合に用いられる接着剤は全てでんぷん糊が使用されています。

要点BOX

- ●ダブルフェーサで片面段ボールにライナを貼る
- ●スリッタースコアラでけい線とスリットを入れてカットオフでシートに切断

ダブルフェーサ

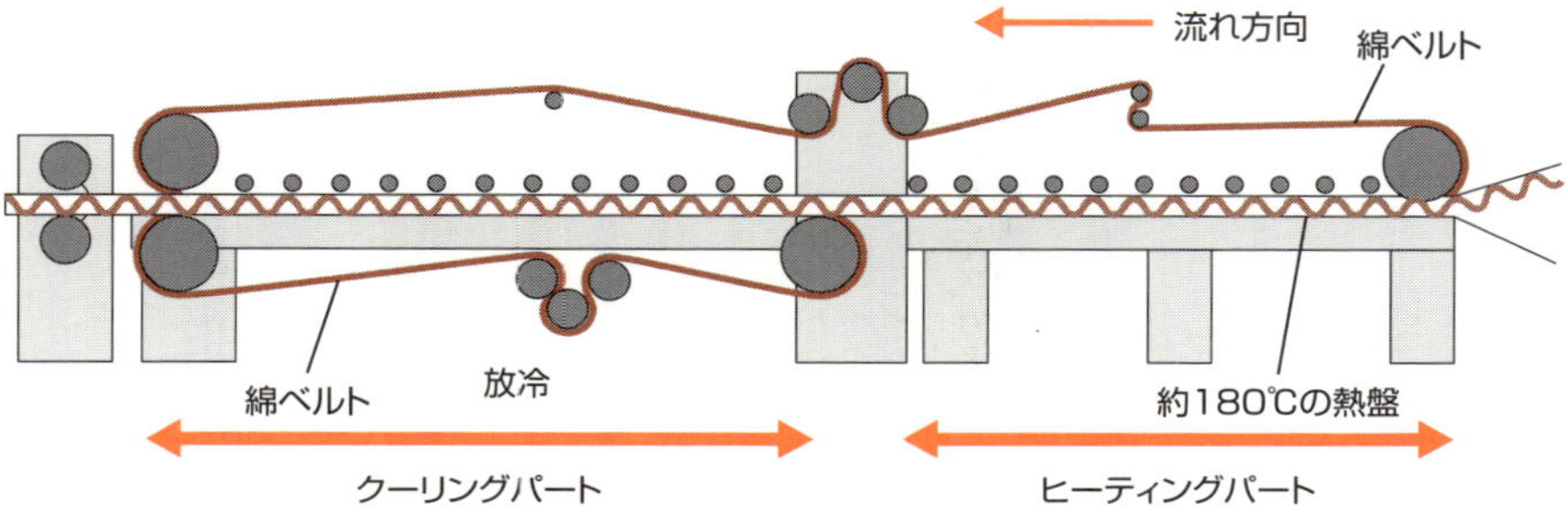

スリッタースコアラ

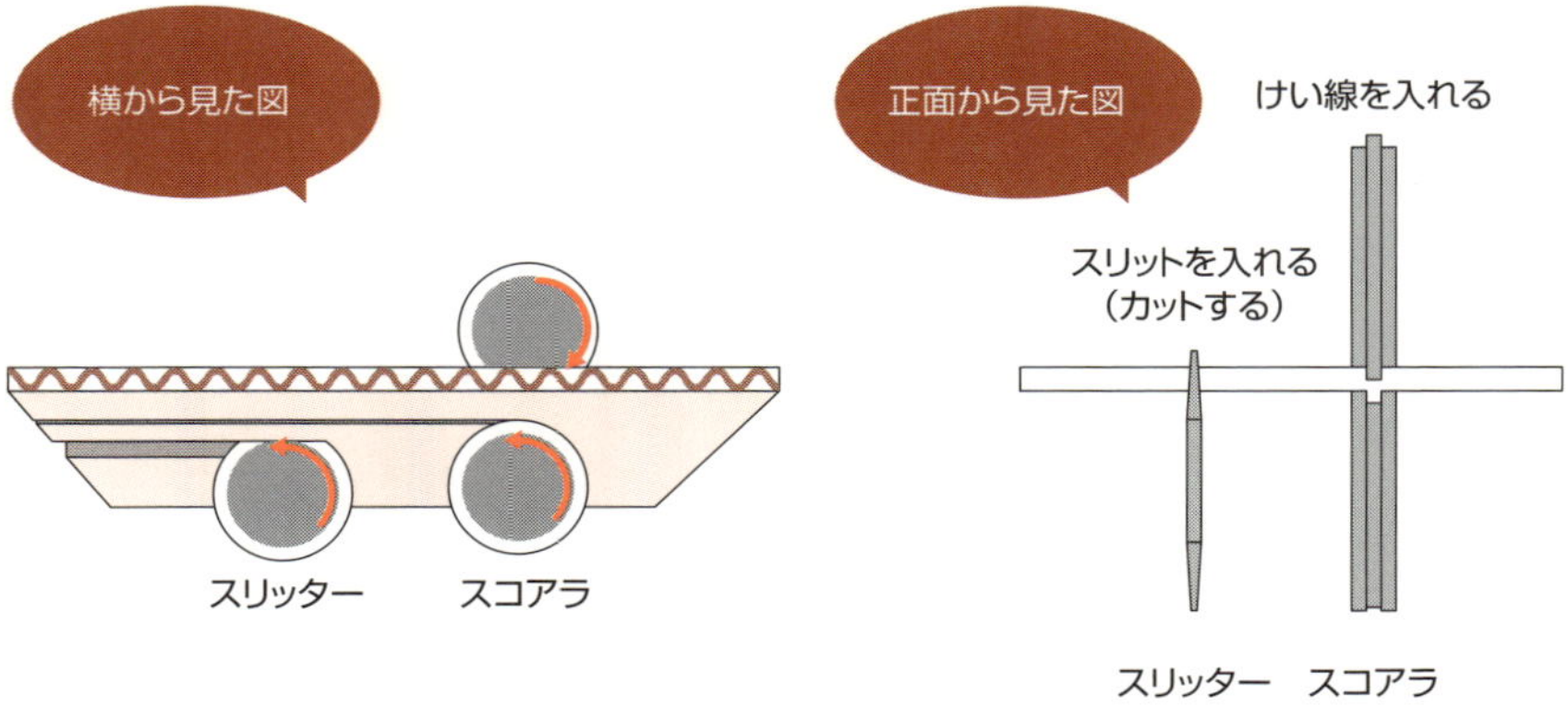

カットオフ

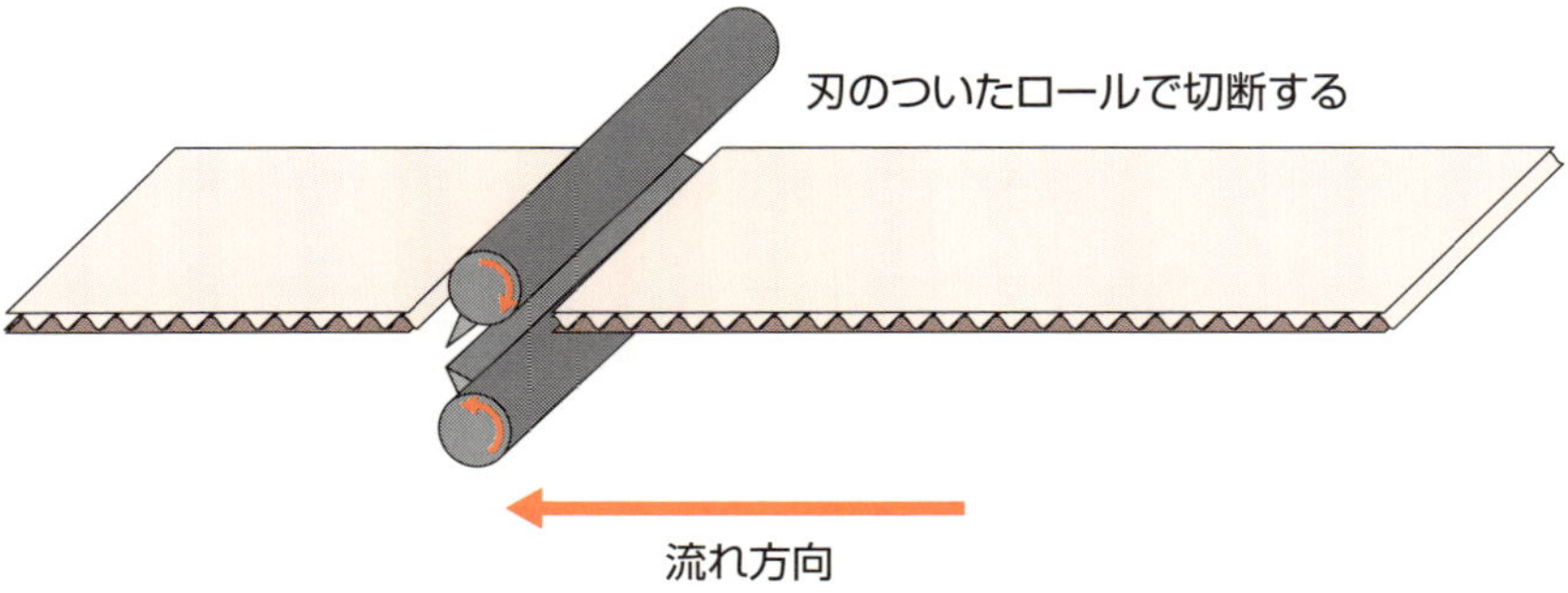

27 かつては水ガラス、今はトウモロコシ

段ボールの貼合糊

段ボールの品質はライナと中しんの接着に大きく左右されます。現在、段ボールの貼合に用いられる接着剤は全てでんぷん糊が使用されています。

段ボールの創成期はでんぷんを煮て作った糊が使われていましたが、1900年台初頭、生産の機械化に伴い、ケイ酸ソーダが使用されるようになりました。ケイ酸ソーダは水に溶ける結晶性の化合物で、その濃い水溶液は水ガラスともいわれます。しかし、時間が経つにつれて、ライナの表面に糊痕が縞状に現れることや、初期接着性が良くないという欠点がありました。

1935年、高速化にも対応できる新たなでんぷん糊の処方が開発され、再びでんぷんを主体とした糊が使用されるようになります。でんぷんの種類はコーンスターチが主流ですが、加熱すると糊化しやすいタピオカでんぷんも用いられます。

通常、貼合糊はコルゲータのすぐ近くで、生でんぷんから調整されます。生でんぷんを水に混ぜただけでは糊にはならないため、苛性ソーダを混合して糊にします。反応せず残った生でんぷんはコルゲータの熱によって糊になり、ライナと中しんを強固に接着させる役割を果たします。貼合糊の製法はスタインホールやノーキャリアと呼ばれる方式がよく使われます。

貼合工程では、シングルフェーサで段繰りした中しんにライナを貼り合せて片面段ボールを作り、ダブルフェーサでもう片面にライナを貼り合わせて両面段ボールに仕上げます。シングルフェーサ側とダブルフェーサ側では、中しんの段頂に糊が塗布されてからライナと接着するまでの時間が異なるため、それぞれに適した粘度、濃度に調整します。

でんぷん糊は紙と同じ植物由来の素材のため、紙との相性が良く、現在の高速での貼合には欠かせないものになっています。

要点BOX
- ●かつては水ガラスと呼ばれる接着剤が使われた
- ●現在はでんぷん糊が不可欠
- ●水、でんぷん、苛性ソーダで調整される

でんぷんを水に混合して加熱すると糊になりますが、苛性ソーダは糊化を促進し、
糊化に必要な温度を下げる役割を果たします。
また、ほう砂やほう酸は糊に粘度と粘着性を与えます。
キャリア部とメイン部を混合するスタインホール方式のほか、ノーキャリア式があります。

スタインホール式

ワンタンク式

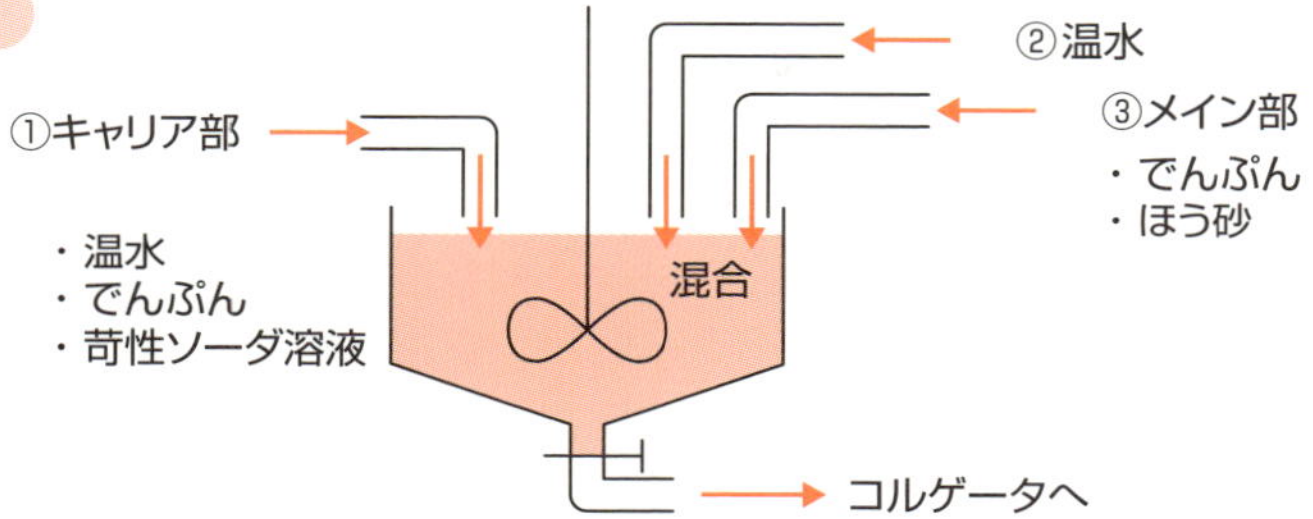

ツータンク式

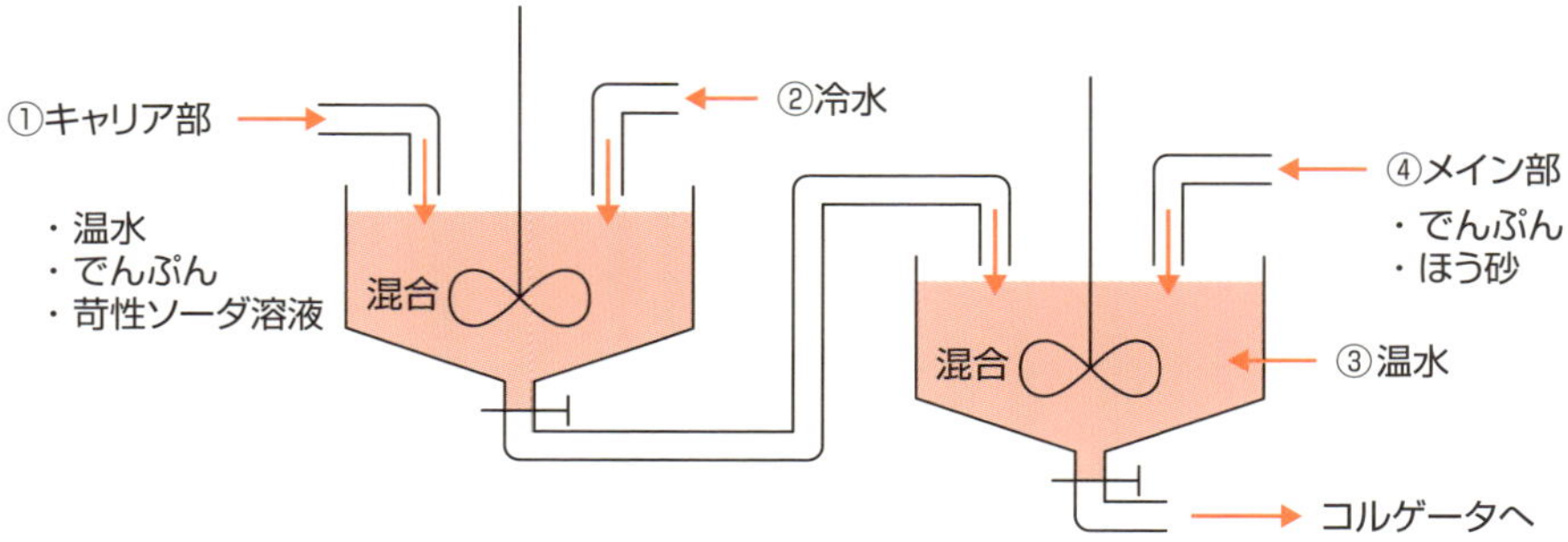

ノーキャリア処方

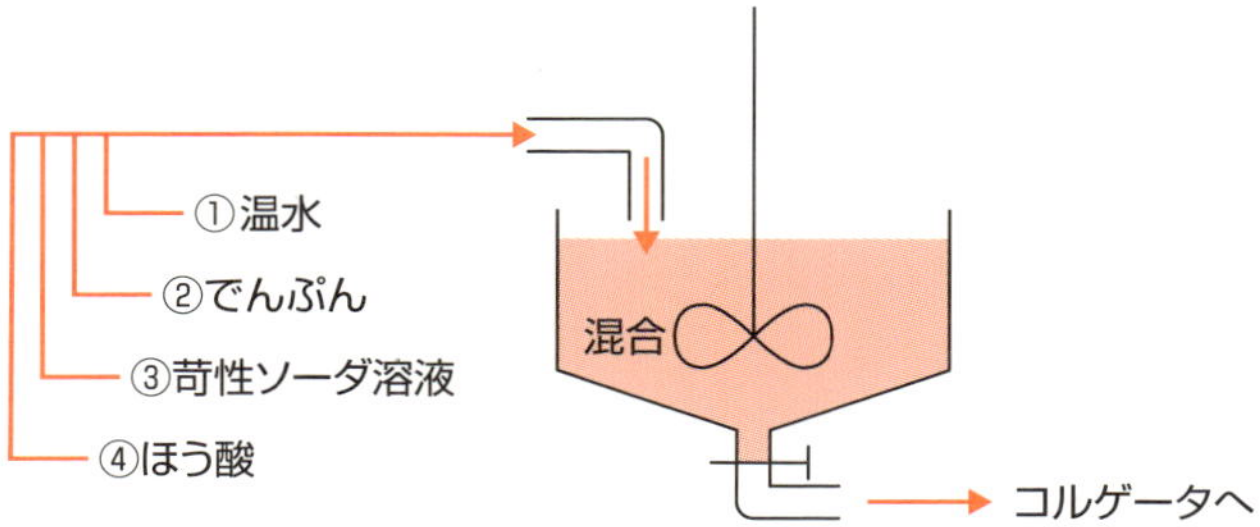

28 多彩な印刷ができるのも特長

段ボール箱は印刷面が大きいことも特徴です。印刷によって内容品の品名、品番だけでなく、ブランドのロゴマークやバーコード、荷扱いに関するケアマークなどの情報も表示できます。さらに、デザインの工夫により商品や企業のイメージを伝えることも可能です。

段ボールの印刷は、フレキソ印刷と呼ばれる凸版印刷方式が主流です。印刷に用いる版は主に感光性樹脂が使用されており、版胴といわれるロールに巻き付けて使います。インキは水性フレキソインキが用いられています。速乾性で、低圧力でもよく転写するため、細かい文字の印刷が可能で、水性のため取扱いも容易です。

段ボールの印刷機は3色が主流で、給紙部、各色の印刷ユニット、シートスタッカが連結した構成になっています。給紙部から段ボールを1枚ずつ送り込み、各印刷ユニットで印刷してシートスタッカという装置で積み上げられます。

各色の印刷ユニットには、表面に細かなセル状の彫刻が施されたアニロックスロールとゴムロールが備えられており、回転する両ロールの間に供給されたインキがアニロックスロール表面に均一に広がるようになっています。

版胴に取り付けた印版をこのアニロックスロールに接触させてインキを転移させます。版胴と圧胴といわれるロールの間に段ボールを通し、圧胴が段ボールを押すことで、印版のインキが段ボールの表面に転移して印刷されます。印刷は、1色から3色まで連続で行い、その後、シートスタッカによって積み上げられます。

インキには速乾性に加えて、重ね塗りしてもにじみにくい性質も求められます。また、ゴムロール、アニロックスロール、印版の水洗いが容易でインキ替えが短時間にできることも重要なポイントです。

要点BOX
- 段ボール印刷は水性インキを使った3色フレキソ印刷が主流
- インキは速乾性と洗浄のしやすさが重要

凸版印刷の原理

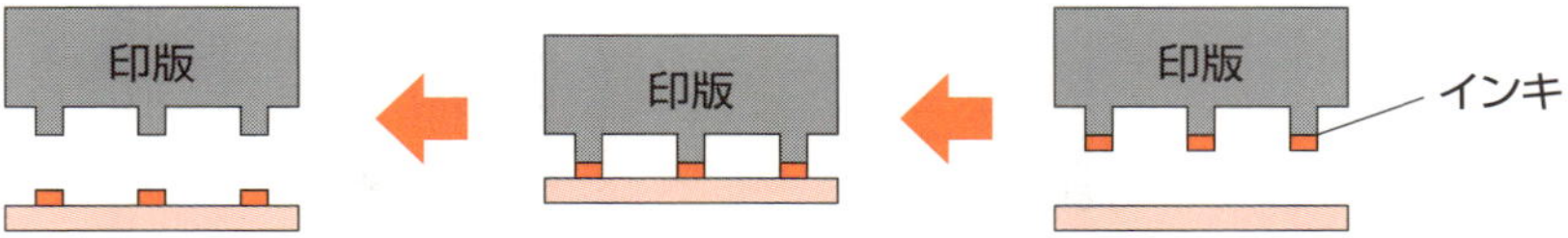

段ボール印刷機の工程

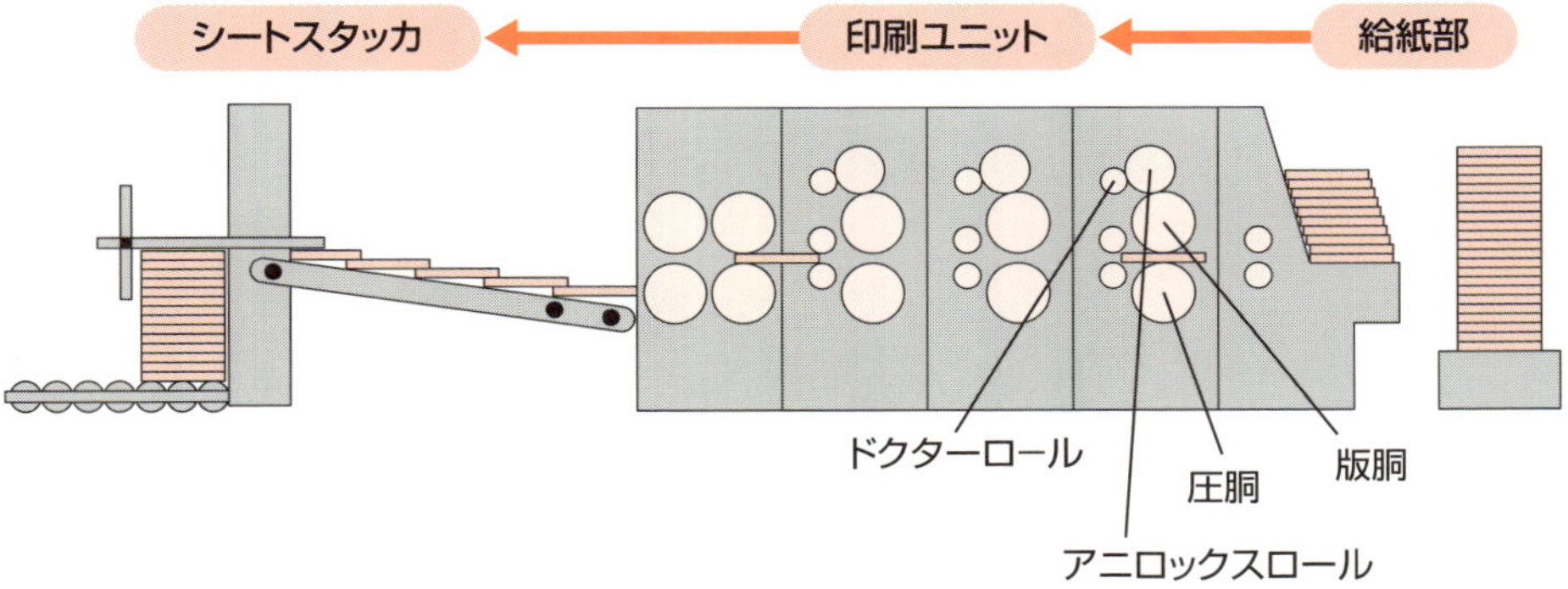

印刷ユニットの構造

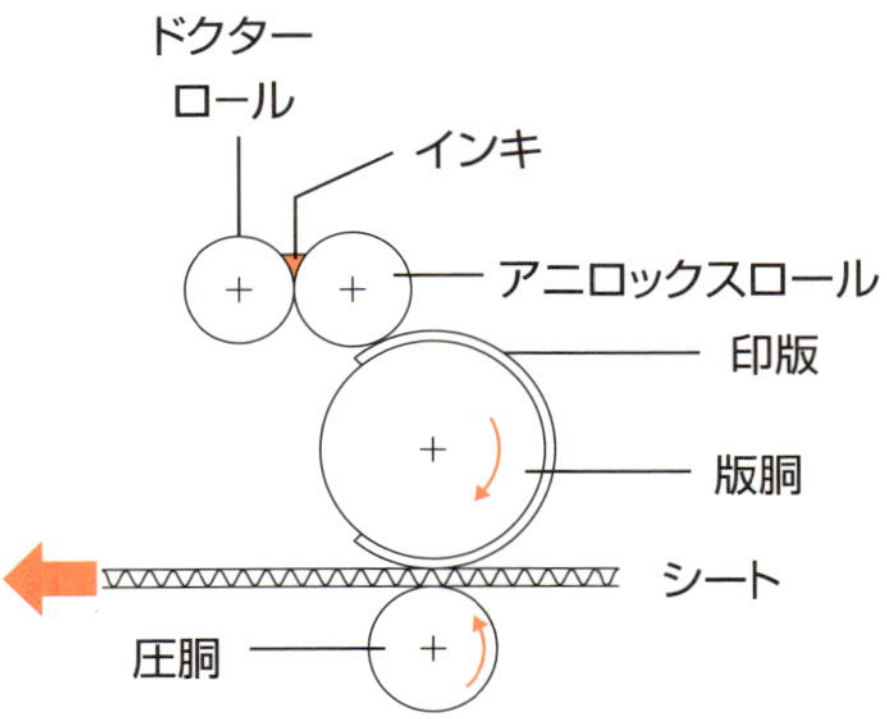

印版

透明のプラスチックシートの上に樹脂版が貼られていて、これを版胴に巻き付けて固定する。

29 0201形はこの機械だけ

フレキソフォルダーグルア

段ボール箱の形式で最も多いものが、ミカン箱タイプといわれる0201形です。この形式の製造はフレキソフォルダーグルア（FGあるいはFFGとも呼ばれる）という専用の機械が用いられます。

フレキソフォルダーグルアでは、コルゲータでフラップとなる、けい線を入れられた段ボールシートに、「印刷」、「縦方向のけい線入れ」、「フラップ間の溝切り」、「継ぎしろ加工」、「折りたたみ」、「継ぎしろの接合」、「積み重ね」、「結束」までを1工程で行うことができます。

また、手掛け穴なども部分木型を取り付けてダイカット部で抜くことができるなど、0201形はとても生産効率のよい形式なのです。

フレキソとは、フレキソ印刷の意味で、フォルダーグルアとは、けい線で折りたたみながら継ぎしろを接着剤で接合するという意味です。

最初に、給紙部から印刷部にシートを送り込み、フレキソ印刷方式で印刷します。印刷されたシートにスロッタ部でけい線入れ、溝切り、抜き加工などが施されます。その後、フォールディング部でけい線に沿ってシートを半分に折りたたみながら継ぎしろを接合します。継ぎしろの接着には、通常ポリ酢酸ビニル系接着剤が使われます。折りたたんだ状態の箱に加工された後、カウンターエジェクタ部で折ズレ等を矯正しながら形を整え、最後に所定枚数をカウントして積み重ね、ひもやテープで結束しパレットに積載します。

箱の形をきれいに整えるには、継ぎしろの接合精度が大きく影響しますが、スロッタ部には2種類のけい線ロールがあり、第1のロールで広角のけい線を入れ、第2のロールで鋭角なけい線を強く入れることで接合精度を高めています。また、フォールディング部でもベルトとロールで矯正することで接合精度を高める工夫をしています。

要点BOX

- フレキソフォルダーグルアによって製造される0201形は最も生産効率の良い形式
- 全作業を1工程で行える機械

フレキソフォルダーグルアの構造

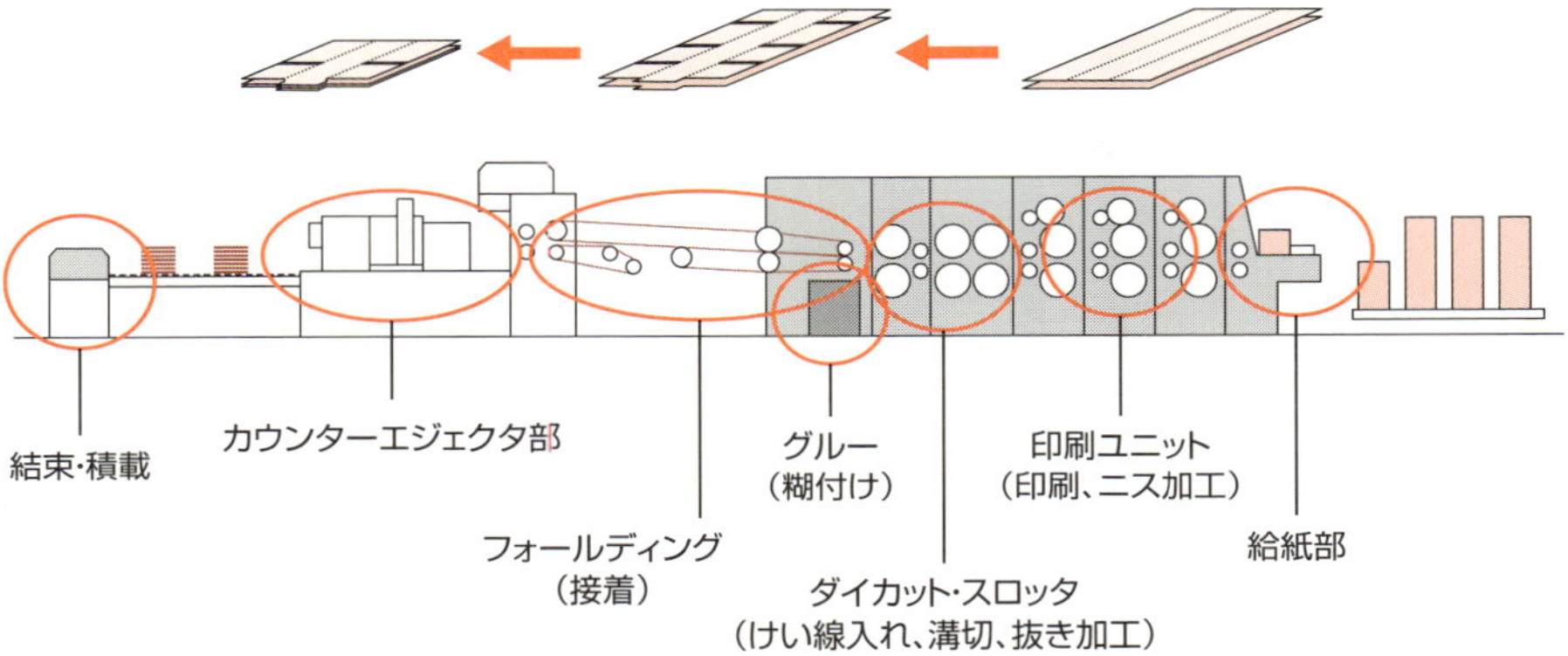

フレキソフォルダーグルア

30 打ち抜きと糊貼り加工

ダイカッタとワンタッチグルア

フレキソフォルダーグルア以外にも、多様な段ボール箱に加工する機械があります。

ダイカッタは、段ボールに印刷をした後、所定の形に打ち抜きを行う機械で、さまざまな形式の箱や部材の加工に用いられます。抜き型は木型とも呼ばれ、ベニア板に段ボールを切断するための刃や、けい線の刃が埋め込まれており、箱の寸法や形式ごとに一点一点異なります。

箱の圧縮強さに影響するため、打ち抜き工程ではできるだけ段をつぶさないよう、打ち抜き圧の設定等に細心の注意を払い、品質の安定が図られています。

ダイカッタには、打ち抜き方式によって、平盤ダイカッタとロータリーダイカッタの2種類があります。

平盤ダイカッタでは平らな抜き型を使用します。段ボールを所定の位置で停止させ、抜き型を打ち付けて加工します。停止して打ち抜くので、高い寸法精度が特長です。

ロータリーダイカッタではシリンダに固定するため湾曲した抜き型を使用します。シリンダを回転させて段ボールを打ち抜くので、一旦停止させる平盤ダイカッタに比べ速いスピードが特長です。

ダイカッタで打ち抜いた段ボールの多くは、そのままユーザーに届けられ、専用の包装機械で組み立てられて使用されますが、底貼りやサイド貼りを施して特殊な形式の箱に加工されるものもあります。

ワンタッチグルアは、箱を開くと自動的に底面が組み上がるワンタッチ形式の箱に加工する機械です。段ボール箱の封かんには粘着テープや接着剤など封かん材を用いますが、底ワンタッチ形式なら封かん材は必要ありません。天面のフラップを差し込んで閉じる形式と組み合わせれば、封かん材なしで簡単に組み立てられる箱ができます。こうした加工ができるワンタッチグルアは箱の形式の選択肢を広げる機械といえます。

要点BOX
- ダイカッタは、平盤とロータリーの2方式
- 平盤は寸法精度、ロータリーは生産速度が利点
- ワンタッチグルアで多様な形式の糊貼りができる

平盤ダイカッタの機構

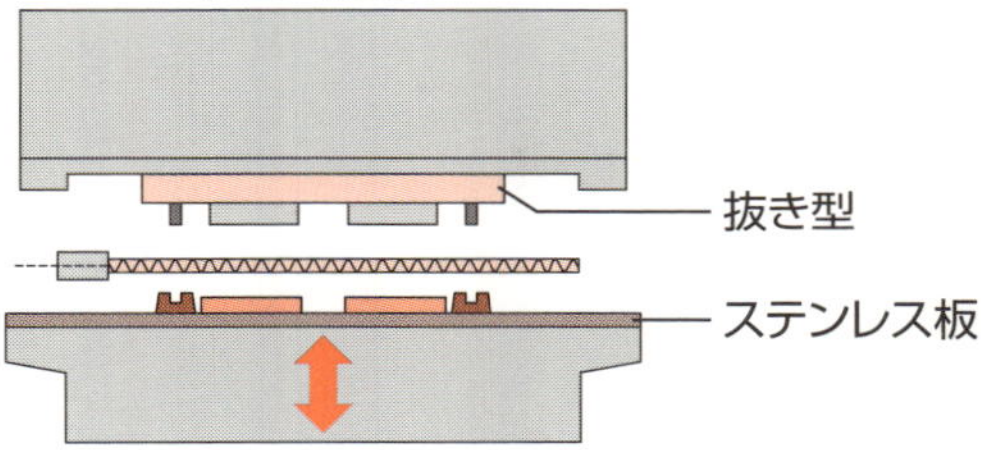

上下運動させて打ち抜きます。
その際、シートは停止しています。

平盤ダイカッタの抜き型

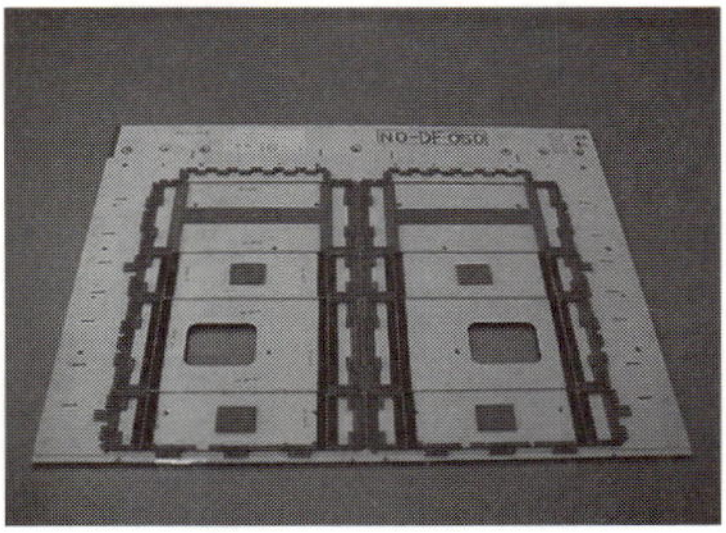

ロータリーダイカッタの機構

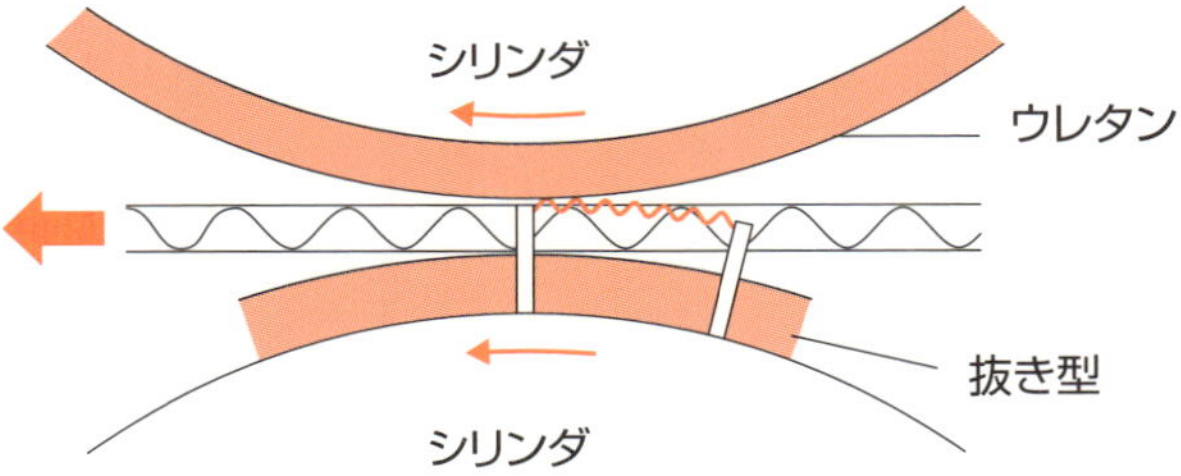

ロータリーダイカッタの抜き型

底ワンタッチケース

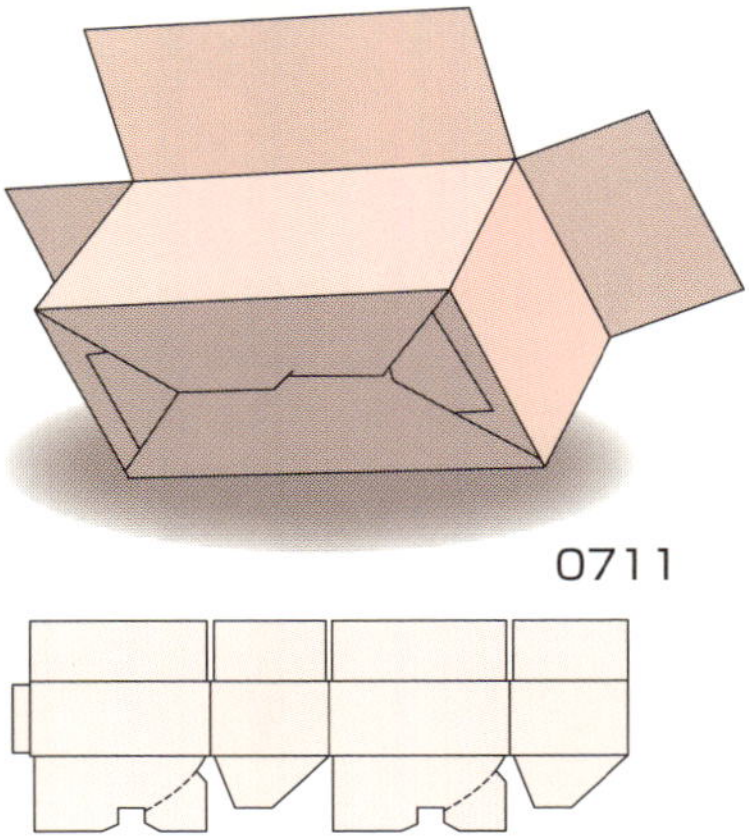

0711

段ボールに使われる原料の変遷

段ボールが誕生したのは19世紀後半であることから、段ボール原紙は紙の中でも比較的歴史の新しい紙といえます。そのころの段ボールには、稲わらを原料とした紙などが使われていました。

戦後、日本で段ボールの生産が本格化するころには、木材チップを化学処理して得られるパルプを原料とした紙を使うようになりました。化学処理の仕方でパルプの種類が分けられますが、ライナにはクラフトパルプ、中しんにはセミケミカルパルプ使用されました。

パルプでつくられた原紙を使用すると強い段ボールができます。1960年代は、リンゴの箱が木箱から段ボール箱に置き換えられた時期でもあり、強い原紙が求められました。しかし、1970年代のオイルショックを契機に、古紙を配合してコストを抑えた原紙が注目されるようになりました。

古紙を配合することで不足する強度は、製造設備の改良や紙力増強剤などによって補うことができるようになったため、古紙の比率は徐々に高くなり、古紙を主原料とした原紙が主流となっていきました。現在では、段ボール原紙における古紙の比率は94%を超えています。

古紙の比率をこれほどまで高くできたのは、古紙を使った製紙技術が進歩したこと以外に、日本では古くから古紙回収のシステムが社会に定着していたこと、また、紙の種類ごとによく分別されていて、汚れも不純物も少ないため、古紙を利用しやすいことなども理由として挙げられます。

また、近年は人々の環境意識が高くなり、古紙回収率も年々高まっています。特に日本の段ボールの回収率は95%を超えています。今や、段ボールの原料は段ボールといえるでしょう。

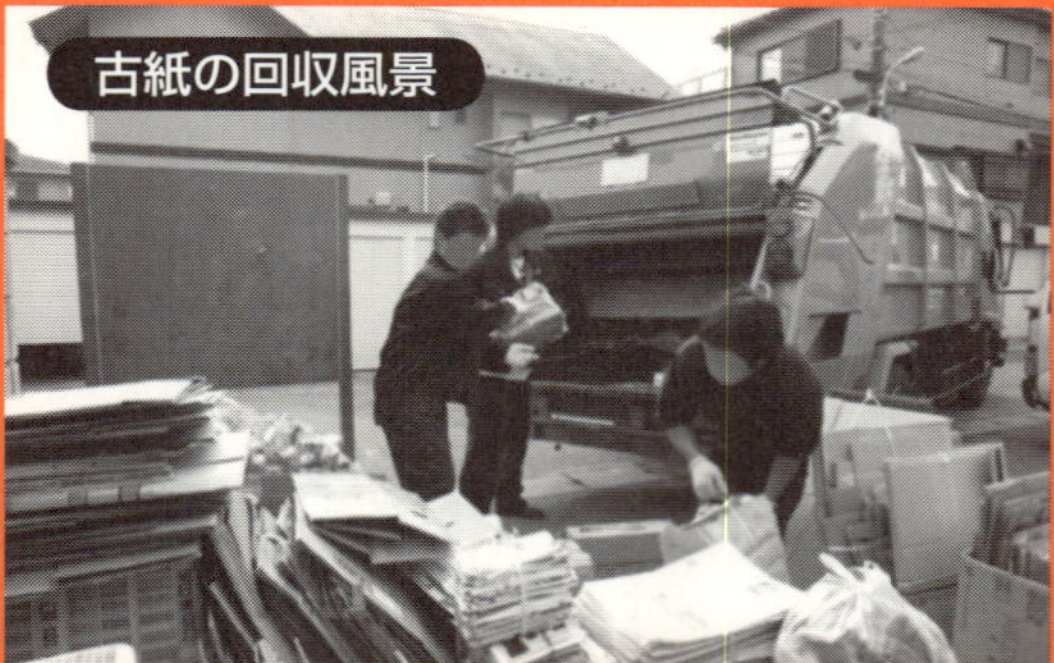
古紙の回収風景

第 4 章

段ボール箱の設計と特性

31 段ボールの厚さを考慮

寸法設計

段ボール箱を設計する際、まず内容品の寸法に合わせて箱の内のり寸法を決定し、箱の設計に取り掛かります。通常は内容品の出し入れがしやすいように、少し余裕を持たせた寸法にします。

内のり寸法は、長さ×幅×深さの順に、㎜単位で表記されます。

内のり寸法300㎜×200㎜×100㎜と仮定し、0201形の箱を厚さ4㎜のCフルートで設計する場合を例に説明しましょう。長さ方向の内のり寸法300㎜に対して、そのまま同じ間隔でけい線を入れると、箱にして折り曲げたとき、窮屈で入らなくなってしまいます。なぜなら、けい線で折り曲げたときに段ボールの厚さの一部が箱の内側に入り込んでしまうからです。そのため、けい間寸法を設定する際には、内のり寸法に対して伸ばし寸法を加算する必要があります。この内のり寸法に伸ばし寸法を加算したものを設計寸法といいます。伸ばし寸法は、フルートごとに決まっており、Cフルートの場合は5㎜を加算し、305㎜の間隔でけい線を入れると折ったときにちょうど300㎜になります。同じように、幅方向も内のり寸法の200㎜に5㎜を加算し、設計寸法を205㎜にするとちょうど200㎜になります。

深さ方向の伸ばし寸法はやや異なります。フレキソフォルダーグルアによって作られる0201形では、コルゲータであらかじめ天と底のフラップ用けい線を入れます。それぞれ1直線にけい線が入るので、内フラップと外フラップのけい線は同じ位置になります。つまり0201形は、フラップを閉じると2枚が重なり、内フラップが少し押し込まれるため、深さ方向の伸ばし寸法は5㎜よりもっと余裕をとらねばなりません。Cフルートの場合、深さ方向については8㎜加算するとちょうどよくなります。

このように段ボールの設計においては、厚さを考慮して、適切な位置にけい線を入れる必要があります。

要点BOX

●内容品の寸法に合わせて内のり寸法を決める
●段ボールの厚さに応じた伸ばし寸法を加算して設計寸法を決める

段ボール箱の寸法設計

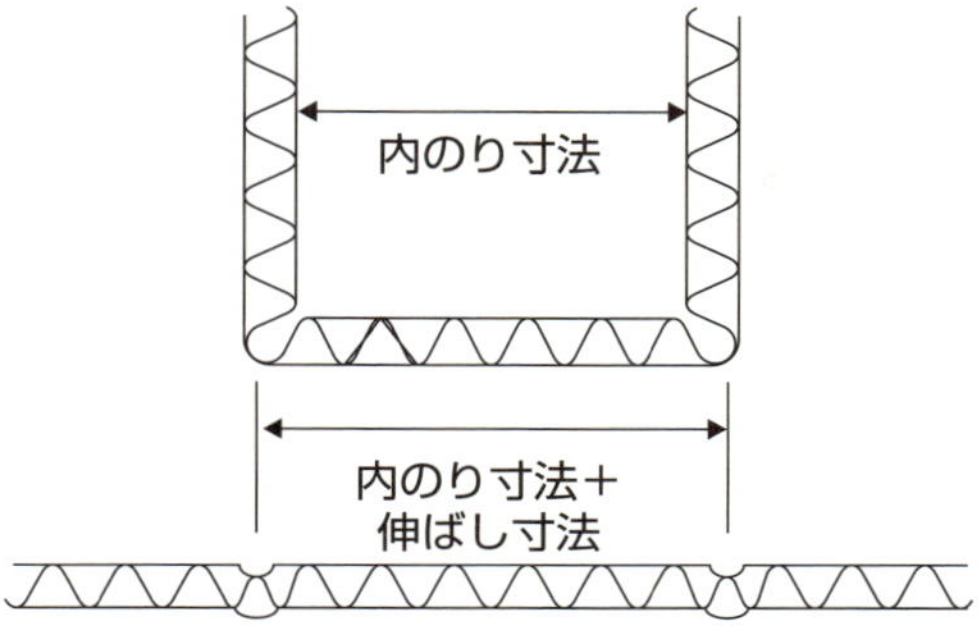

フルート	厚さ(mm)	伸ばし寸法(mm)
A	5	6
C	4	5
B	3	3

内寸法：a（長さ）×b（幅）×c（深さ）　　単位：mm

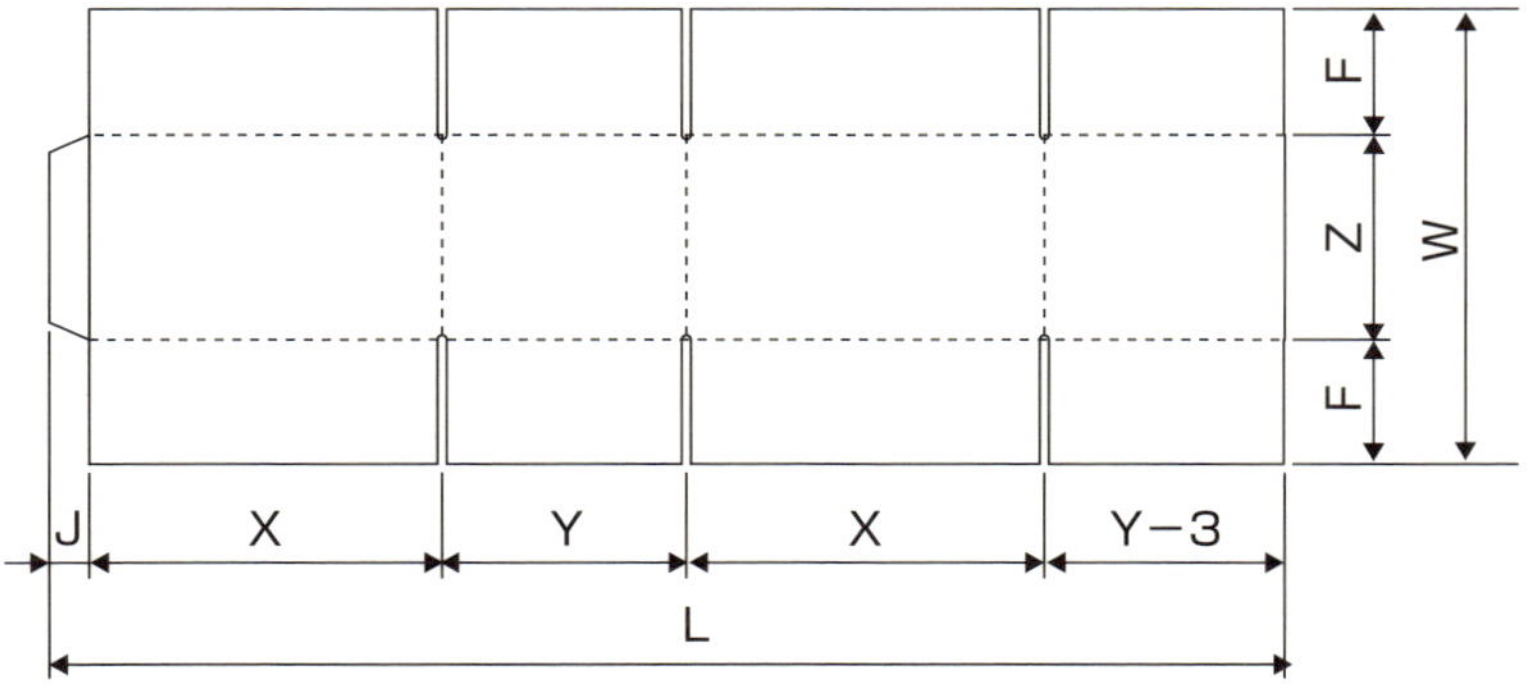

フルート	X	Y	Z	F	J
A	a+6	b+6	c+9	(Y÷2)+2	30以上
C	a+5	b+5	c+8	(Y÷2)+2	30以上
B	a+3	b+3	c+6	(Y÷2)+1	30以上

32 設計に必要な条件と手順

段ボール箱で求められる強度や性能は内容品によって も異なりますが、最も重要なことは、保管中の積重ねに耐えられる強さと、荷扱い時の衝撃から内容品を保護する性能です。

箱がつぶれる限界の力の大きさを「圧縮強さ」と呼びますが、内容品が液体の入ったスタンディングパウチや果物であれば、箱だけで上からの荷重を支える必要があり圧縮強さが最も重要になります。一方、内容品自体で荷重を支えることのできる金属缶やガラスびんであれば、箱の圧縮強さは小さくてすみますが、衝撃で破びんや打痕などが生じる可能性があるため、緩衝性が求められます。

箱がたわむことなくしっかりと内容品を包装し続けることも重要です。どれだけの荷重に耐えることができる強さがあるかは、箱の圧縮強さがその指標となります。段ボール箱を設計するときには、まずフルートを選定し、箱の寸法設計を行います。フルートの選定には、明確な基準はありませんが、大きくて重たいものはAフルートや複両面など厚い段ボール、小さくて軽いものはBフルートなど薄い段ボールが主に使用されます。箱の寸法が決まれば、所定の場所にどれだけ積むことができるかも決まります。積み上げられる数から、その荷重を計算し必要とされる圧縮強さを求め、それに応じて、33で紹介する圧縮強さの推定式を使いながら適切なライナと中しんを選定します。

なお、精密機器の場合は圧縮強さと緩衝性の両方が通常より高い水準で求められ、例えば手掛け穴や仕切りなどによる強度への影響、包装や解体時の作業性なども勘案しながら最適な原紙を選定します。

段ボール箱の設計においては、内容品や物流条件によって必要とされる強度を満たすことはもちろんですが、一方で過剰包装にならないことも重要です。強すぎても弱すぎても駄目ということです。

要点BOX
●段ボール包装では圧縮強さと緩衝性が最重要
●内容品や物流条件でフルートと原紙を選定

段ボールの材質の選び方

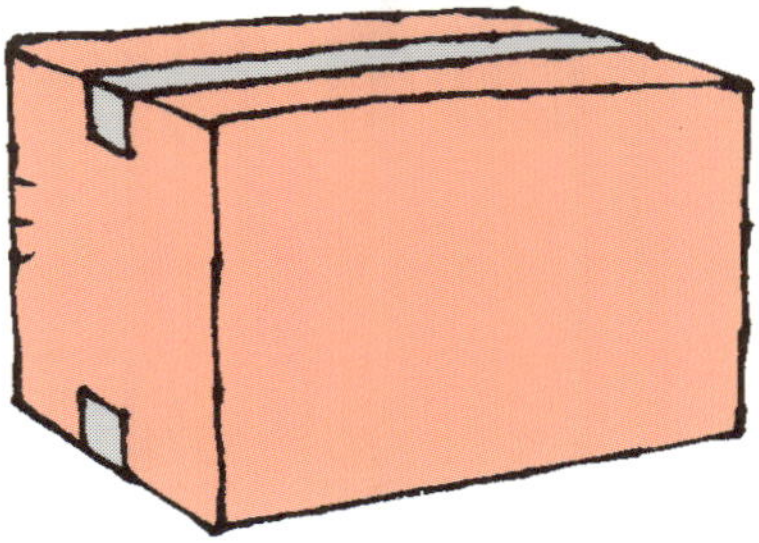

寸法が決まれば、次にフルートを選ぶ

小さく軽いものにはBフルートなどの薄いフルート、大きく重いものにはAフルートや複両面段ボールなどを選択する

容器ごとの強度設計の考え方

缶入り商品
圧縮に強く、箱に強度は不要

ビン入り商品
缶と同じだが、割れに注意が必要

化粧箱入り商品
外箱と化粧箱の両方で支える

パウチ入り商品
圧縮に弱いため、すべて外箱のみで支える

33 圧縮強さの推定方法

ケリカット簡易式

0201形の段ボール箱の圧縮強さの推定式には、ケリカット式、マッキー式、ウルフ式、マルテンホルトなどいくつか方法が提唱されています。中でも、1951年に米国で発表されたケリカット式が日本で最も普及しています。

段ボールの垂直圧縮強さから計算するマッキー式やウルフ式と違って、段ボールを構成する原紙のリングクラッシュ（以降RC）値から計算するところがケリカット式の特徴です。RC値とは、JIS P 8126に規定されている方法で得られる原紙の圧縮強さのことです。RC値はJISで規定されていますので、RC値を実測できない場合でもJISの値を代用すれば、おおよその推定ができるので便利です。

日本ではオリジナルの計算式を簡単にしたケリカット簡易式が使用されています。この簡易式では、フルート常数、総合RC値（kN／m）、箱の周辺長（㎝）の3つの値を使用します。フルート常数とはフルートごとに定められた値です。総合RC値とは「表ライナのRC値」と「中しんのRC値×段繰り率」と「裏ライナのRC値」の和です。箱の周辺長とは、（箱の長さ＋幅）×2の値です。なお、段繰り率とは、段成形された中しんを真っすぐに伸ばしたときのライナに対する中しんの長さの比率です。フルート乗数は一定の値なので、フルートが分ればおのずと決まります。

総合RC値は選定した原紙構成から計算すれば求めることができます。その際、段繰り率が必要になりますが、その代表値は左図のとおりです。周辺長の1／3乗はちょっと難しそうですが、パソコンや関数電卓などがあれば簡単に求められます。

実際の計算は、まずフルート常数と総合RC値を掛けあわせ、次に対象となる箱の周辺長を1／3乗したものと掛けあわせます。これによって、箱の圧縮強さを求めることができます。

要点BOX

- ●ケリカット簡易式を圧縮強さの推定によく使う
- ●フルート常数×総合リングクラッシュ値×周辺長の1／3乗で求められる

ケリカット簡易式

箱がつぶれるまでの力を推定

$$P = \beta \times Rx \times Z^{1/3}$$

P: 段ボール箱の推定圧縮強さ(kN)
Rx: 総合リングクラッシュ値(kN/m)
Z: 箱の周辺長(cm)

β: フルート常数

AF	0.114
CF	0.107
BF	0.093
BAF	0.145
BCF	0.135

総合リングクラッシュ値Rx

両面段ボール

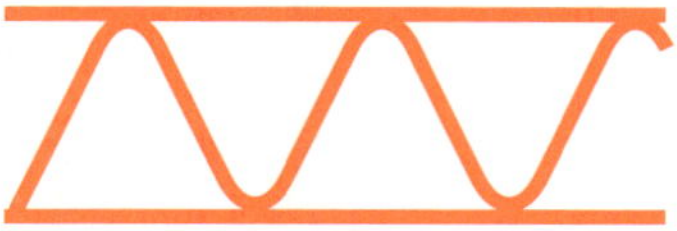

←①表ライナのRC値
←②中しんのRC値×段繰り率
←③裏ライナのRC値

Rx ＝ ①＋②＋③

複両面段ボール

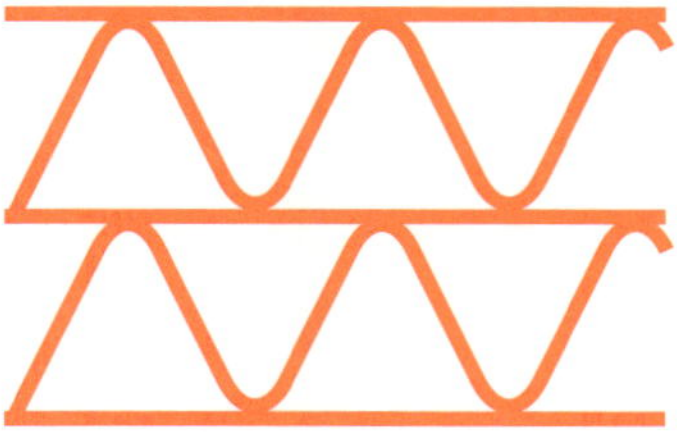

←①表ライナのRC値
←②中しんのRC値×段繰り率
←③中ライナのRC値
←④中しんのRC値×段繰り率
←⑤裏ライナのRC値

Rx ＝ ①＋②＋③＋④＋⑤

※段繰り率の代表値　AF：1.55、BF：1.35、CF：1.45

用語解説

1／3乗：三乗根ともいう。aを3乗するとbになるとしたとき、bの1／3乗はaということになる。例えば、8の1／3乗は2、27の1／3乗は3である。

34 物流上の様々な要因を考慮

段ボール箱の圧縮強さは、さまざまな要因によって低下します。それをあらかじめ見込んで、必要な圧縮強さを確保する必要があります。

例えば1000Nに耐えなければならない箱は、どんなに強度の低下要因が重なっても、圧縮強さは1000N以上が必要であり、いかなる場合でもそれを満たす強さになるよう段ボールの材質を選びます。

その際、どのくらいの圧縮強さにしておくべきかを示したものが強度安全率です。物流上のさまざまな強度低下要因を考慮し、必要とされる耐荷重に対する圧縮強さの倍率で表します。この比率は経験的に決められることも多いのですが、国内流通の場合、最低でも3~5倍が必要とされています。

段ボール箱の圧縮強さに影響を及ぼす要因としては、次のようなことが挙げられます。最も注意を要するのが湿度による圧縮強さの低下です。例えば梅雨の時期など高湿度状態が続く環境では箱の圧縮強さは、標準状態（気温23℃、相対湿度50％RH）に比べて約半分に低下します。そのため段ボールの材質の選定には、特に保管場所の環境条件を考慮しなければなりません。

また、段ボール箱で長期間保存するときも注意が必要です。同じ荷重がかかり続けると、短期間であれば箱はつぶれなくても、長期間ではつぶれる場合があります。これを経時劣化といいます。

さらに、パレットに積む際も、積み方が圧縮強さに影響します。パレットに積みつけるパターンは何種類もありますが、棒積みといわれる、箱を真っすぐに積む方法では大丈夫であっても、上下で向きを交互に変えながら積むと荷重に耐えられなくなることがあります。そのほか、荷扱いによって箱が変形しても圧縮強さに影響します。

強度安全率は、必要とされる圧縮強さを確保するための保険といえるかもしれません。

強度安全率

要点BOX

- ●箱の傷み具合や使用環境で圧縮強さが異なる
- ●物流上の様々な強度低下の要因を考慮して強度安全率を決める

段ボール箱の強度低下の要因

高い湿度

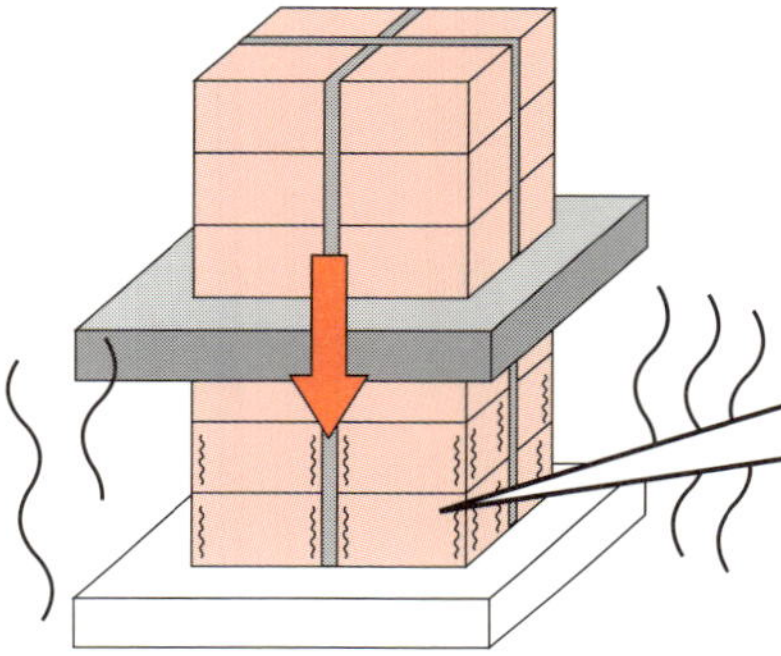

段ボール箱に含まれる水分が 1%上がると、圧縮強さは約 10%低下する。

段ボールの含水率は通常 7～8%だが、梅雨時期などは12%を超えることもある。

長期間の保管

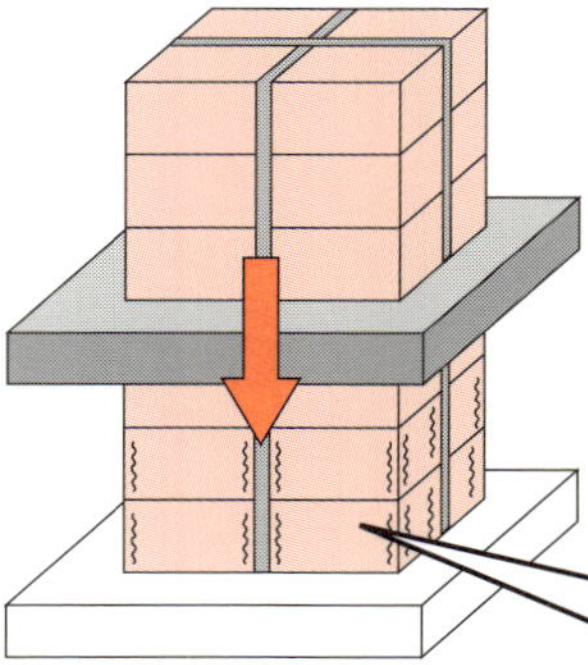

同じ段ボール箱で 100 日間保管すると、圧縮強さは約半分になります。

保管日数	1	10	100
圧縮強さの比率（%）	100	65	55

長期間保管し続けると箱がつぶれることもある。

用語解説

強度安全率：段積みしたとき、最下段の箱にかかる荷重に対して圧縮強さがどのくらいの倍率になるかを示す値。強度安全率Sは強度低下の要因を用いた公式S=1／（1−a／100）×（1−b／100）×（1−c／100）×（1−d／100）で求められる。湿度による強度低下率をa%、積み方による強度低下率をb%、保管期間による強度低下率をc%、輸送や荷扱いなどのその他の要因による低下率をd%としている。

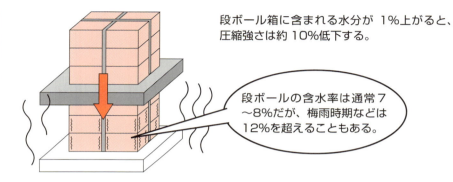

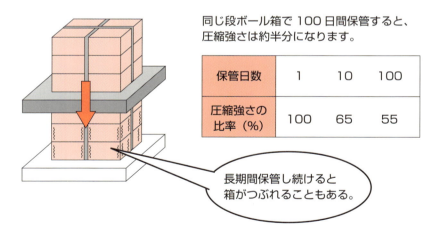

35 最下段荷重×強度安全率

必要圧縮強さ

段ボール箱が倉庫などに保管されるときは、その天井高に応じて積み段数が決まります。その際、最も負荷がかかるのは最下段に置かれた箱となりますが、この箱にかかる荷重を最下段荷重といいます。ここでは、図に示す積載例における最下段荷重を求めてみましょう。

1パレットに7kgの箱を1段当たり12個並べ6段積みとし、それを3パレット積むとします。その場合の最下段の1箱にかかる荷重を計算します。まず、最下段の箱の上にいくつの箱が積まれているかを数えます。同じパレットの上には、残りの5段、その上の2パレットには6段ずつ計17段となり17個の箱が載っていることになります。1箱あたり7kgですから、7kg×17箱＝119kgが最下段の1箱にかかることになります。

この他にパレットの重量を加える必要があります。パレットの重量を30kgとすると、最下段の箱の上には2枚のパレットがあるので、30kg×2枚＝60kgがかかることになります。ただし、1段には12箱載っているので、60kgを12個の箱で分担していることになり、1箱あたりでは60kg÷12箱＝5kgとなります。

以上のことから、最下段の1箱には、箱119kg分、パレット5kg分の合計124kgの荷重がかかることになります。これに、強度安全率を掛ければ、必要圧縮強さを算出することができます。

仮に強度安全率が4倍だとすれば、124kg×4＝496kgから、必要圧縮強さをニュートン表記で示すと、496×9・81÷1000＝4・87kNとなります。

このように必要圧縮強さとは、最下段荷重に強度安全率を掛けた値です。強度安全率が1だと積んだ途端に最下段の箱がつぶれてしまいます。そのため、通常、強度安全率は1より大きい値に設定されています。

要点BOX

- ●最下段荷重とは、最も下の1箱が支える荷重
- ●必要圧縮強さとは、最下段荷重×強度安全率

必要圧縮強さの計算例

7kg の箱を 1 枚のパレットに 12 個並べて 6 段まで積み上げ、さらにパレット 3 段積みにしたときの最下段荷重を求めます。
パレット 1 枚の重量を 30 kgとし、12 個の箱が上からの荷重を均等に支えるものとします。
最下段荷重にはパレットの重量も加算されます。

最下段荷重
＝[7kg× {(6 段 × パレット 3 段積み)－最下段の箱}
＋{(パレット 1 枚の重量 30kg÷12 個) ×（3－1）枚} ×（9.81÷1000)※
＝[7× {(6×3)－1}＋{(30÷12) ×（3－1)} ×9.81÷1000
＝{(7×17)＋5)} ×9.81÷1000
＝ 1.21644（kN)

※9.81 を掛けることで、kg から N（ニュートン）に単位換算します。
　また、kN（キロニュートン）で表示するため、1 ／ 1000 にします。

必要圧縮強さ＝最下段荷重 × 強度安全率

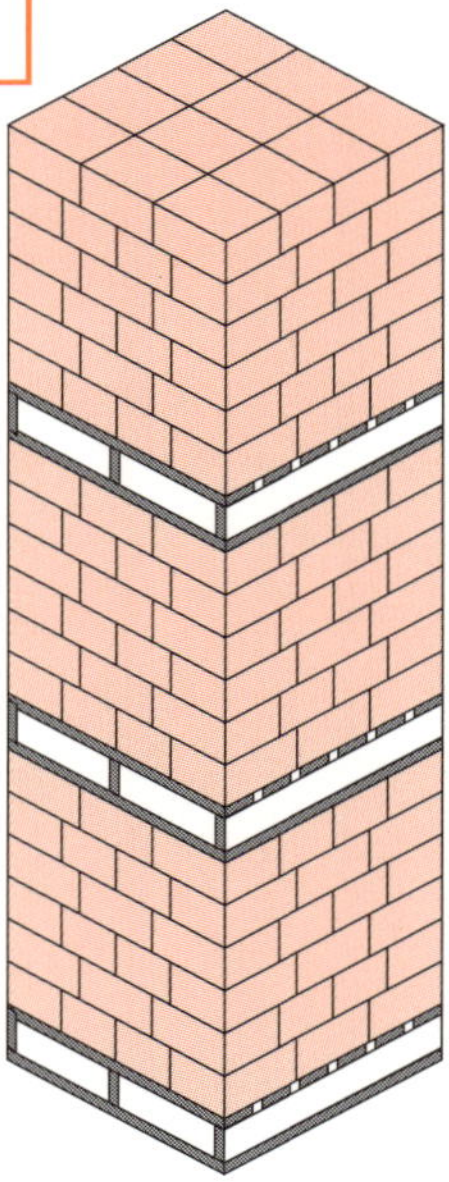

強度安全率を 4 とすると
必要圧縮強さは、

1.21644×4＝4.87（kN）となります

36 保管に耐えるかどうかが重要

圧縮試験

段ボール箱は、内容品を入れて倉庫などで段積み保管されることが多いので、保管時の条件で荷重に耐えることが重要です。倉庫の環境条件、保管期間、積載方法などさまざまな強度低下要因が予想されますので、それらを総合的に考慮して強度安全率を設定し、それに耐える必要圧縮強さを算出し、それをもとに段ボール箱の材質を選定します。

段ボール箱が必要とされる圧縮強さを満たしているかどうかは、図に示すような圧縮試験機によって確認します。その方法はＪＩＳ Ｚ ０２１２に規定されており、段積みする方向に荷重を加えます。試験には空箱の圧縮強さを調べる方法と、圧縮荷重による内容品の損傷を調べる方法の2種類があります。

圧縮強さを調べるときは、段ボール箱がつぶれるまで一定速度で荷重を加えます。内容品の損傷を調べるときは、段ボール箱に一定荷重を加えます。

圧縮強さを調べる場合、最大圧縮荷重（N）と圧縮量（㎜）を測定し、段ボール箱が必要圧縮強さを満たしているかどうかを判断します。空箱だけで判断するのではなく、内容品を入れたときの圧縮強さが必要な場合もあります。得られた最大圧縮荷重を強度安全率で割れば、箱の上に載せてもよい荷重が分かるので、積載可能な積み段数を求めることができます。

また、荷重に対する評価方法として、積重ね荷重試験もあります。この試験は一定荷重を24時間加え、内容品の損傷や段ボール箱の変形などを確認します。

さらに、ＪＩＳ規格にはありませんが、湿度を高くした状態で最下段荷重と同じ荷重を加え、段ボール箱がつぶれないかどうか、あるいは胴ぶくれと呼ばれる、箱の胴面が外に向かって円弧状にふくらむ現象がどの程度生じるかを調べ、湿度と荷重に対する段ボール箱の評価を行うこともあります。

要点BOX
- ●圧縮試験は、主に空き箱の圧縮強さと圧縮率を調べる
- ●積重ね荷重試験は、主に内容品の損傷を調べる

圧縮試験機

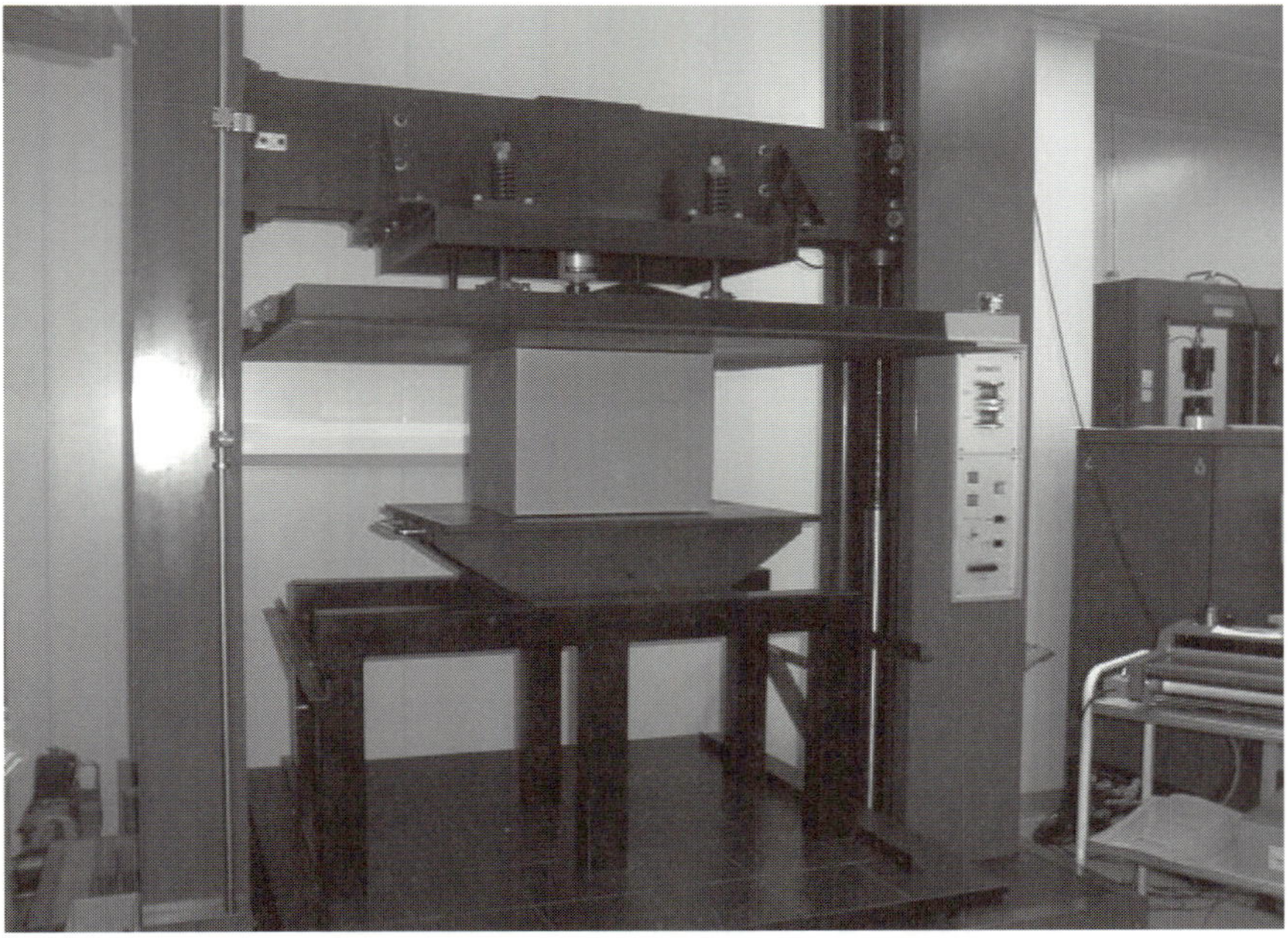

段ボール箱の座屈

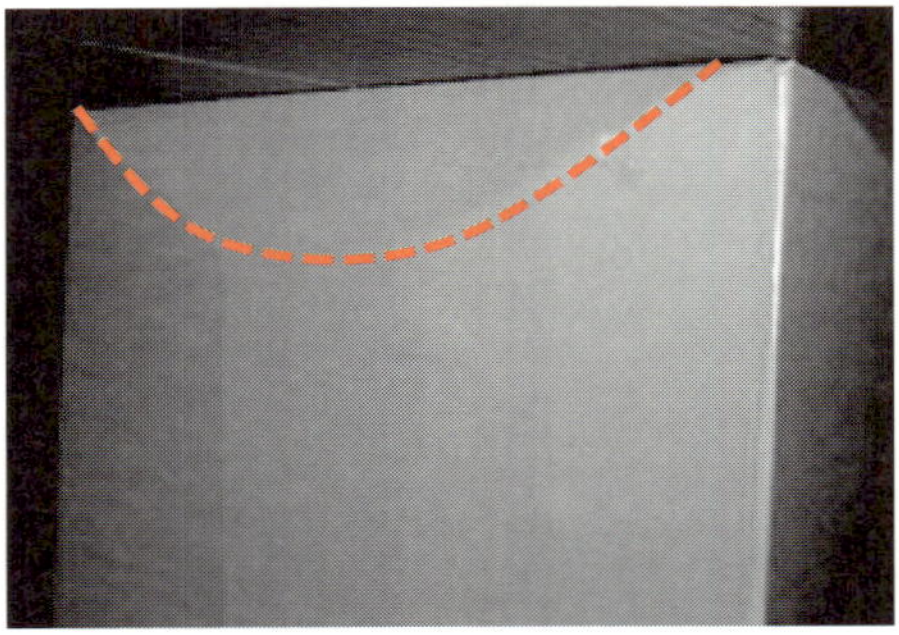

（破線は折れ曲がったところ）

段ボール箱の荷重-変位曲線の例

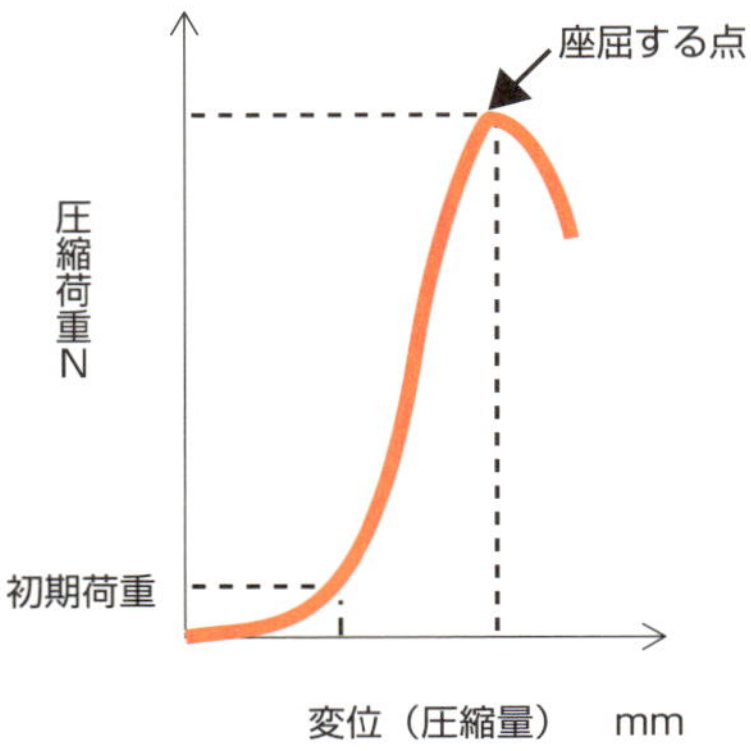

37 圧縮試験で加える荷重の決め方

負荷係数

圧縮試験で、圧縮荷重による内容品の損傷を調べる試験を実施する際、どのくらいの荷重を加えればよいのかを求める方法がJIS Z 0200に規定されています。加える荷重は、「供試品の総重量」「最大積重ね段数」「負荷係数」を掛けあわせることで求められます。言い変えれば、最下段荷重に負荷係数を掛ければ必要な荷重が計算できます。負荷係数を決める上で必要になるのが「保管条件」です。これには「管理」、「期間」、「湿度」の3項目が設定されており、その組合せから「保証レベル」が3つに区分されています。

左表は、JIS Z 0200に記載されており、一定荷重まで加える方法の圧縮試験と、積重ね荷重試験のそれぞれの負荷係数を示しています。保管条件ごとに「荷重係数」が定められており、それらを掛けあわせたものが負荷係数です。例えば、最も過酷な保管条件の組合せである「保証レベル1」の場合、管理（悪い）、期間（6カ月）、湿度（90%RH）の各荷重係数を掛けた7・2、最も負荷の低い組合せである「保証レベル3」の場合、管理（良好）、期間（1カ月）、湿度（50%RH）の各荷重係数を掛けた2・4となります。なお、保管条件が想定できる場合は、荷重係数の組合せを変えることも可能です。例えば、管理（良好）、期間（1カ月）、湿度（90%RH）の場合、負荷係数は1・4×1・7×1・9≒4・5となります。

積重ね荷重試験でも負荷係数を求めますが、試験方法の違いから「期間」の荷重係数が、一定荷重まで加える方法の圧縮試験よりも小さく設定されています。

なお、JISに規格された方法ではありませんが、負荷係数を1として、環境試験室等で30℃、80%RHのような高湿条件下で積重ね荷重試験を行い、胴ぶくれや耐久性を評価する方法もあります。

要点BOX
- 負荷係数は、管理状態、保管期間、湿度環境の条件によって異なる
- 負荷係数で圧縮試験条件が決まる

圧縮試験または積重ね荷重試験における荷重の求め方

$$F = 9.8 \times K \times M \times n$$

ここに、 F：荷重(N)
K：負荷係数
M：供試品の総重量(kgf)
n：流通時の最大積重ね段数※
※最下段を含まない最上段までの段数

圧縮試験の負荷係数の求め方

保障レベル	1			2			3		
保管条件	管理 悪い	期間 6カ月	湿度 90%RH	管理 普通	期間 3カ月	湿度 75%RH	管理 良好	期間 1カ月	湿度 50%RH
荷重係数	2.0	1.9	1.9	1.5	1.8	1.4	1.4	1.7	1.0
負荷係数※	7.2			3.8			2.4		

注記　保管条件がある程度想定できる場合は、荷重係数の組み合せを変えて負荷係数を求めてもよい。
※負荷係数Kは、各保管条件の荷重係数を乗じたものである。例えば、保障レベル1の場合には、
$K = 2.0 \times 1.9 \times 1.9 = 7.2$ となる。

出典:JIS Z 0212(付属書)

積重ね荷重試験の負荷係数の求め方

保障レベル	1			2			3		
保管条件	管理 悪い	期間 6カ月	湿度 90%RH	管理 普通	期間 3カ月	湿度 75%RH	管理 良好	期間 1カ月	湿度 50%RH
荷重係数	2.0	1.4	1.9	1.5	1.3	1.4	1.4	1.2	1.0
負荷係数※	5.3			2.7			1.7		

注記　保管条件がある程度想定できる場合は、荷重係数の組み合せを変えて負荷係数を求めてもよい。
※負荷係数Kは、各保管条件の荷重係数を乗じたものである。例えば、保障レベル1の場合には、
$K = 2.0 \times 1.4 \times 1.9 = 5.3$ となる。

出典:JIS Z 0212(付属書)

38 振動や衝撃から守るために

荷扱いにおける衝撃や輸送中の振動から内容品を守ることも段ボール箱の大きな使命です。そこで包装貨物のための振動や衝撃試験の条件がJIS　Z　0200にも規定されています。これをもとに、内容品の配列、固定、緩衝方法、箱の寸法や材質が適切かどうかの評価を行います。

振動試験には、ランダム振動試験と正弦波掃引振動試験があります。ランダム振動は不規則な動きをする振動、正弦波掃引振動は周波数が規則的に変化する振動ですが、輸送振動をより適確に再現すると考えられているランダム振動試験を優先して行います。振動方向は垂直ですが、必要な場合は水平でも行います。また、試験時間は、距離や輸送条件によって15分、90分、180分の3つに区分されています。例えば、長距離国内輸送であれば90分間行います。ランダム振動試験では加速度パワースペクトル密度（PSD）と呼ばれる、振動の強度と頻度を表すデータが必要です。実際の輸送条件によって得られたPSDを使うことが望ましいのですが、データがない場合はJISに規定されるPSDを使います。

衝撃に対する保護性を評価する衝撃試験には、荷扱いが人による場合の自由落下試験、機械による場合の片支持りょう落下試験、または、水平衝撃試験があります。

衝撃試験の実施に際しては、段ボール箱の面や角を指定する必要がありますが、JIS　Z　0201にそれぞれの呼称が規定されています。箱の継ぎしろ部を前に置いた状態で、天面を1、右の側面を2、底面を3、第2面と反対側の側面を4、前のつま面を5、5と反対側のつま面を6と数字で表示します。「りょう」は2つの面が接する部分、「角」は3つの面が接する部分を表します。自由落下試験では、1つの角、3つのりょう、6つの面を落下させます。

要点BOX
- 振動や落下試験によって内容品の保護性を確認する
- 一般にJISの試験方法や条件に基づき評価する

振動試験と衝撃試験

包装貨物試験

振動試験機

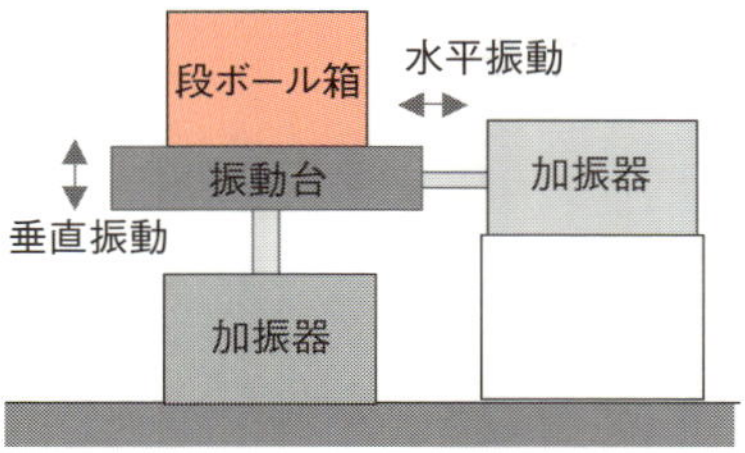

振動試験時間

区分	区分の目安	時間
レベル1	非常に長い距離（2500km 以上）または輸送基盤が劣悪な条件であることが予想される。	180分
レベル2	長距離の国内輸送または国際輸送で、温帯気候における適切な輸送が行われる。	90分
レベル3	短距離の国内輸送（200km 以下）で、特定のハザードがない。	15分

出典:JISZ0200

自由落下試験機

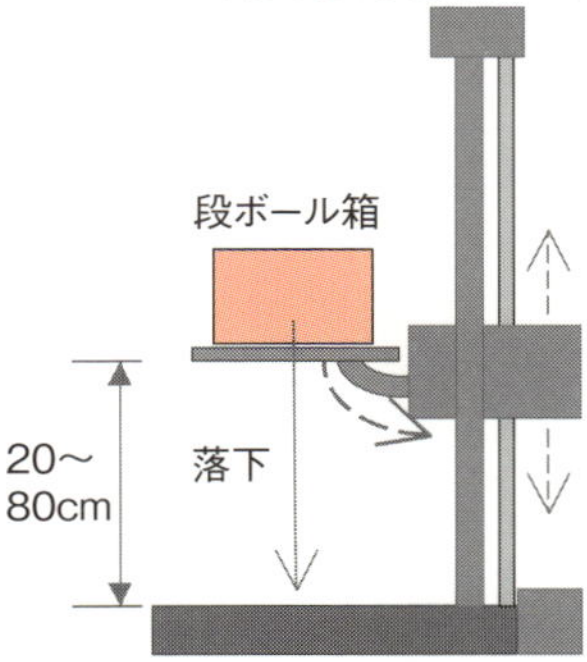

片支持りょう落下試験

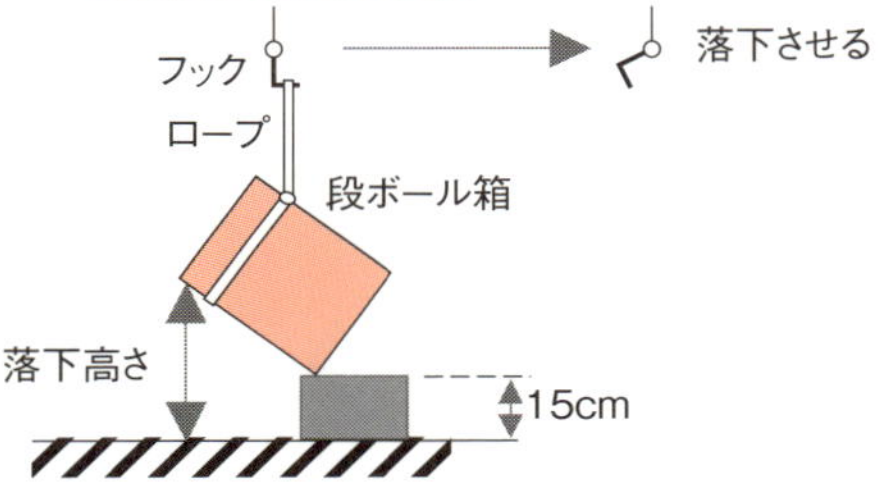

面の呼称（1～6）

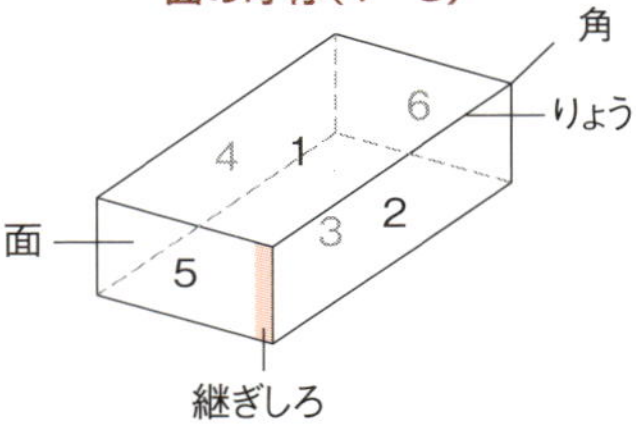

りょうや角の場合は
『1-2りょう』、『1-2-6角』の
ように表す

水平衝撃試験（傾斜衝撃試験機）

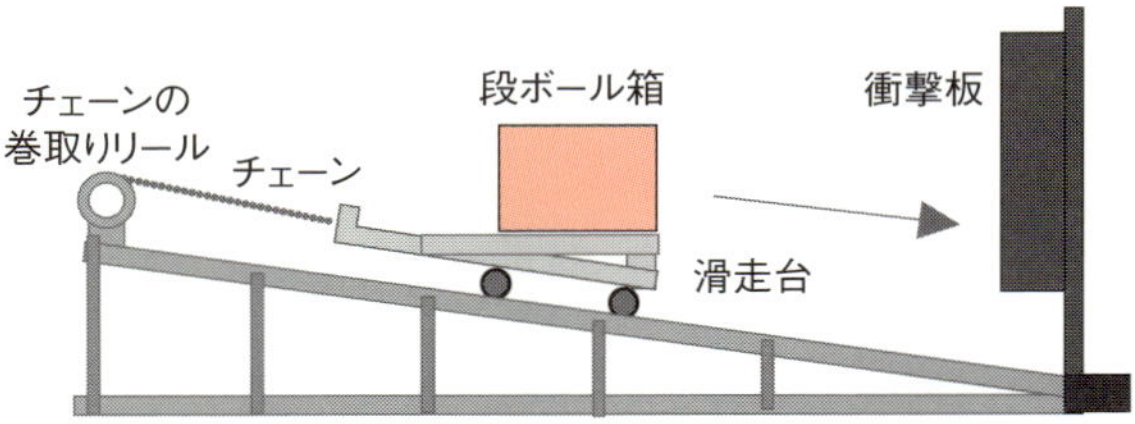

39 段や接着の状態が強度に影響

段ボールの物性には、平面圧縮強さ、垂直圧縮強さ、接着力の3つの基本となる物性があり、いずれも段ボール箱に加工されたときの箱の圧縮強さと密接な関係があります。段ボール箱の品質を決定づける重要な項目として、これらを測定する試験方法がJISに規定されています。

平面圧縮強さ（JIS Z 0403-1）は、段ボールを平らにしたときの強度で、一定の速度で平らにつぶしたときの最大応力を測定します。単位はkPaを用います。平面圧縮強さには中しんの強度が大きく関係しており、段の良し悪しを判断するのに有効です。段ボールの製造条件や保管方法によっては段つぶれや段流れが生じ、平面圧縮強さに影響をおよぼします。

垂直圧縮強さ（JIS Z 0403-2）は、段ボールを立てたときの強度で、左図のような形状と寸法の試験片を用いて、支持具で試験片を垂直に支えながら、一定の速度でつぶしたときの最大荷重を測定します。エンドクラッシュ強さとも呼ばれ、単位はkN／mを用います。段ボールの平面圧縮強さと垂直圧縮強さは、どちらも段ボール箱の圧縮強さに直結する基本物性です。

接着力（JIS Z 0402）は、段ボールのライナと中しんを貼り合せている糊の接着強さで、段ボールの断面から複数のピンを差し込んで、片側のライナを引き剥がすときに必要な力を測定します。単位はkNを用います。ピンを差し込むことからピンテストとも呼ばれます。容易に剥がれるような接着力の弱い段ボールを用いた箱では、荷重が加わったときに剥がれやすく、しっかりと支えられないため箱の圧縮強さに影響が出ます。

このように、これら3つの段ボールの基本物性は、段ボール箱の圧縮強さ、すなわち強度に直結するとても重要なものなのです。

要点BOX
●基本物性には、平面圧縮強さ、垂直圧縮強さ、接着力の3つがある
●いずれも箱の圧縮強さに大きく影響を及ぼす

平面圧縮試験

強度とともに段の状態を確認

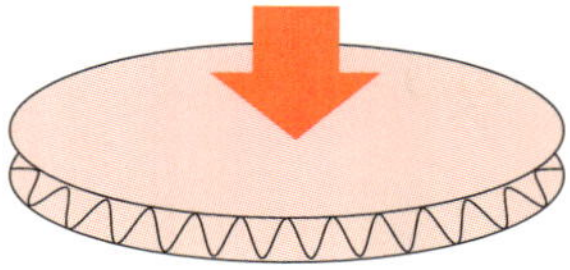

平面圧縮試験片と圧縮方向

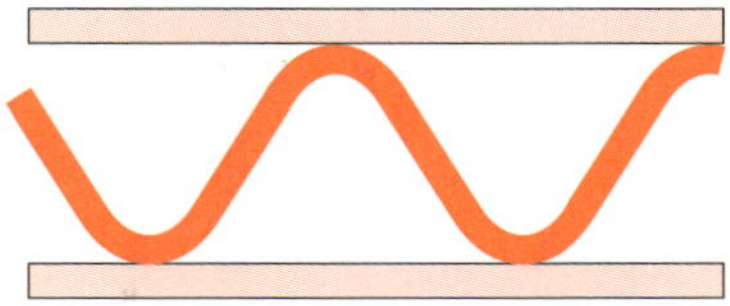

圧力をかける前の状態

圧縮をかけた後の状態

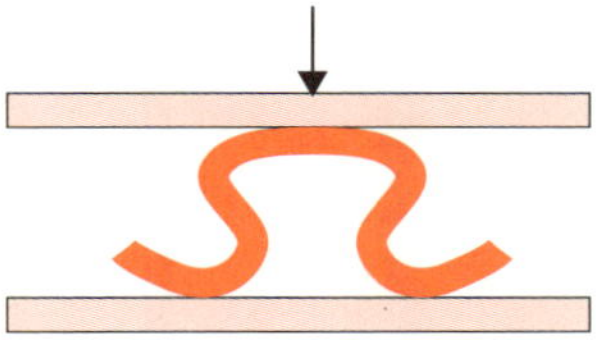

段つぶれ

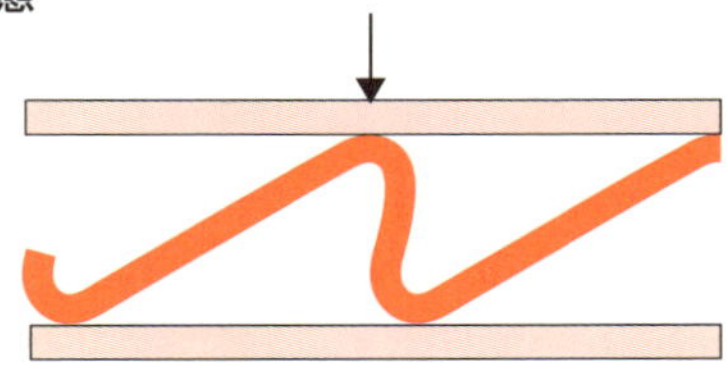

段流れ

垂直圧縮試験

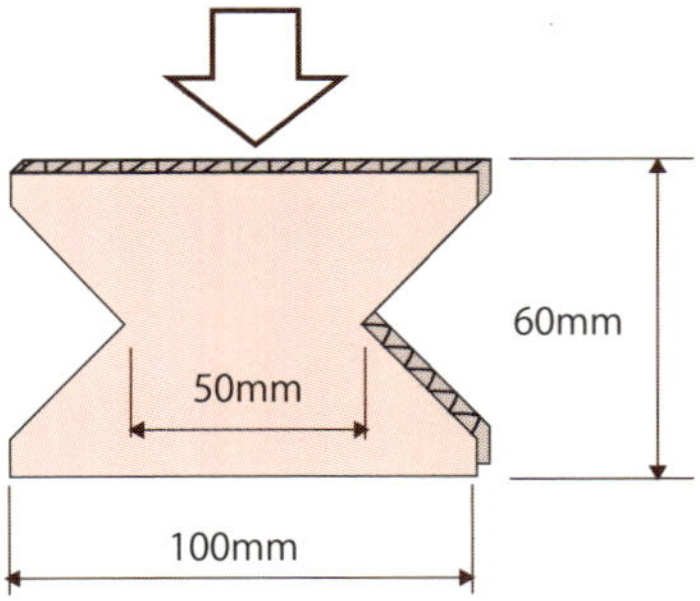

垂直圧縮試験片と圧縮方向

接着力試験

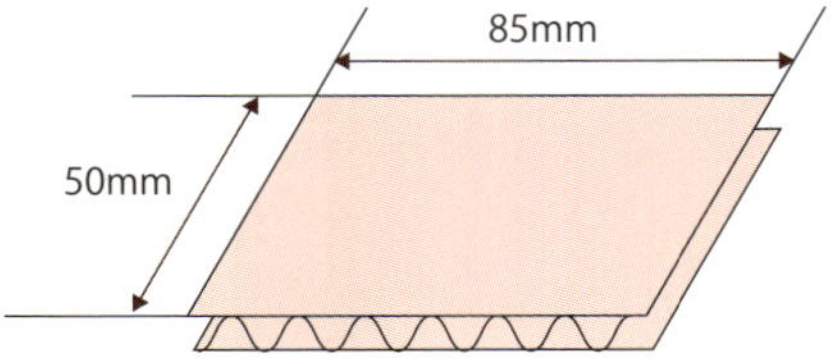

接着力試験片

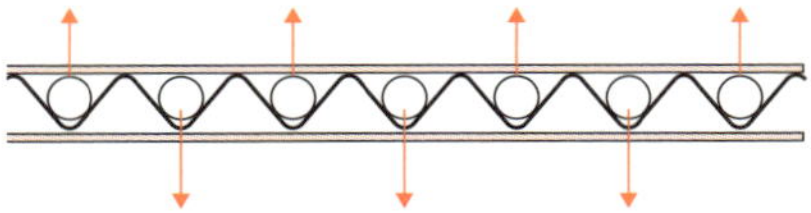

接着力試験のピンの移動方向

40 環境条件で大きく変わる

湿度と含水率の関係

四季のはっきりした日本では、湿度が段ボールに与える影響をよく考える必要があります。梅雨の季節はじめじめと湿度の高い状態が続く一方、真冬は空気がカラカラに乾燥します。当然、段ボールの含水率も環境に応じて変動し、圧縮強さに大きく影響します。

含水率を測定する方法がＪＩＳ Ｐ ８１２７に規定されています。段ボールの一部を切り取り、乾燥器などによって１０５℃±２℃で充分に乾燥させて、乾燥前後の質量差を測定します。乾燥によって減少した質量を水分と見なし、乾燥前に含まれていた水分の含有量を百分率で表します。この方法は、含水率の測定に広く用いられており、絶乾質量法や絶乾法と呼ばれています。

一方、水分によって電気抵抗が変わることを利用して、段ボールの表面に電極を接触させ、直流電流の抵抗値から簡易的に含水率の割合を知る方法もあります。この場合は表面の水分しか分かりませんが、段ボールを切り取る手間がなく、電極を接触させるだけのため、倉庫などではこの方法を用いた簡易水分計が活用されています。

左のグラフは環境条件と含水率との関係を表わしています。気温を横軸、含水率を縦軸にとり、湿度ごとの関係を表しています。段ボールの含水率はばらつきも大きいため、そのまま当てはまらない場合もありますが、気温20℃を例にとると、相対湿度50%における含水率は6～8%の範囲にありますが、80%では10%を超え、90%では13%を超えるようになります。

含水率が高まると、段ボール箱の圧縮強さは大きく低下します。同じ材質、同じ寸法の段ボール箱でも、湿度の高いところに置かれると、乾燥したところに置かれたときに比べて、極端な場合には圧縮強さが半分以下に減少することもあります。

要点BOX
- ●段ボールの含水率は湿度でほぼ決まる
- ●含水率は相対湿度50%では6～8%、80%では10%超、90%では13%超

段ボールの含水率の調べ方

105±2℃で乾燥させ、乾燥前後の質量差から求める方法（試験片を切り取る必要があるが正確な値が出る）

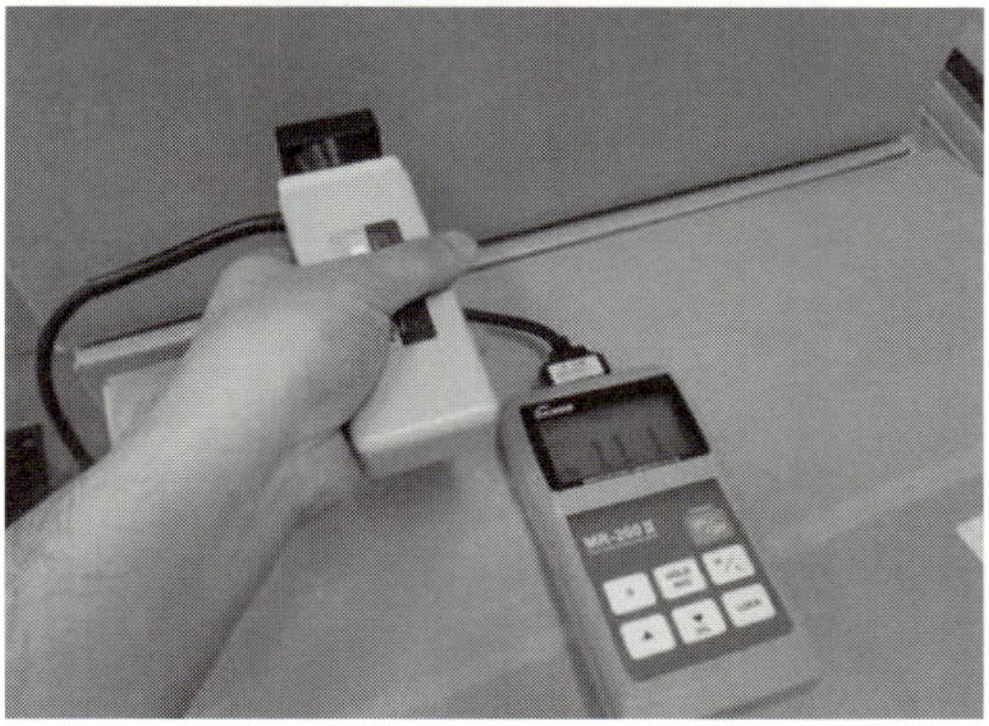

段ボール表面に電極を接触させて電気の抵抗値から知る方法（表面の水分しか分からないが簡便な方法）

環境条件と含水率の関係（絶乾質量法）

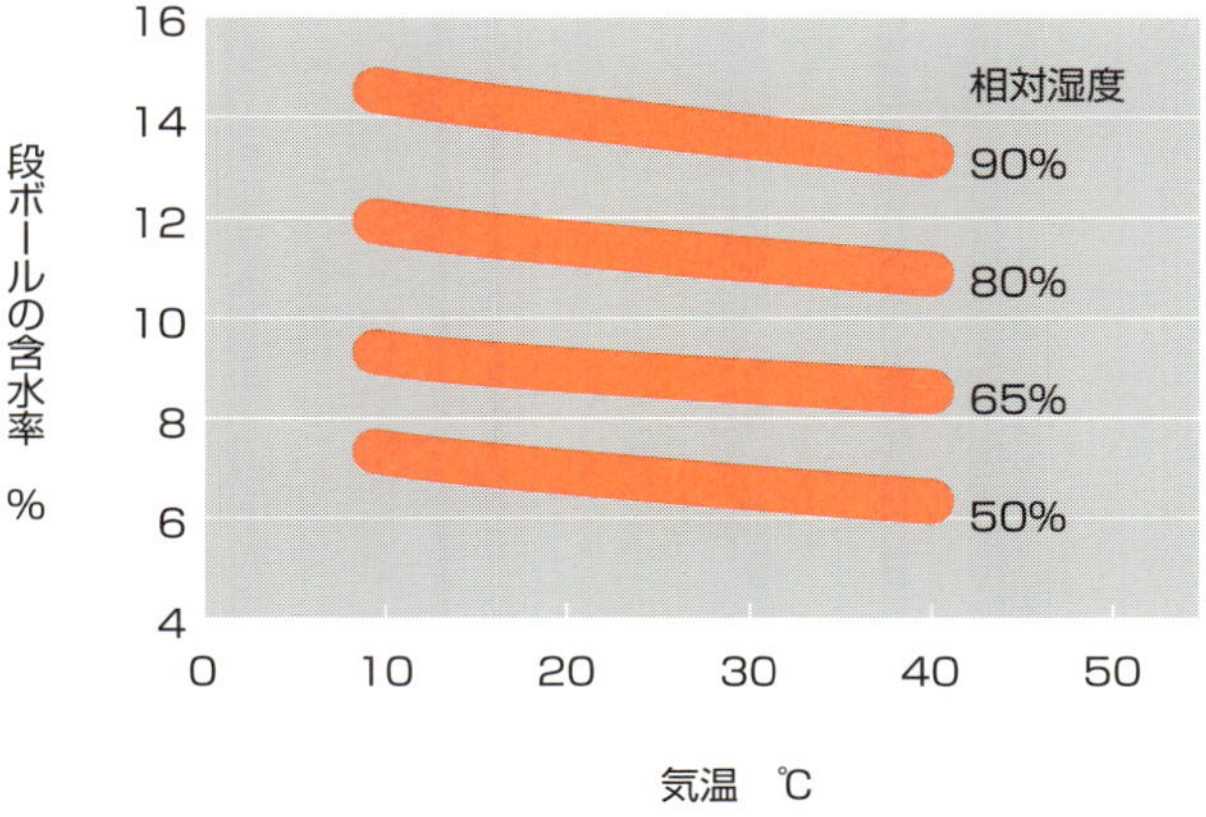

41 含水率が変化すると…

含水率と圧縮強さの関係

含水率が高まると、段ボール箱の圧縮強さが大きく低下することを前項でお話ししました。段ボール箱の含水率が1％変化すると、圧縮強さは約10％変化します。

例えば、含水率7％のときの段ボール箱の圧縮強さを100とすると、含水率が8％に上昇すると90になり、逆に含水率が6％に減少すると110になります。含水率が上昇すると箱の強度は弱くなり、低下すると強くなるという関係にあります。これらの値は目安ですが、含水率と圧縮強さの関係は次の式1で示すことができます。

$Px = Py \times 0.9^{(x-y)}$　（式1）

Pxは含水率x％のときの圧縮強さ、Pyは含水率yのときの圧縮強さです。ある状態（y）のときの含水率と圧縮強さが分かれば、含水率がどのように変化しても、式1を使って圧縮強さを推定することができます。

左の表は含水率の差と圧縮強さの変化との関係を表わしています。また左のグラフは含水率の変化が圧縮強さにあたえる影響を表わしています。

では、式1を使って実際に含水率が変化した場合の圧縮強さの推定値を計算してみましょう。ある倉庫に保管されている段ボール箱があるとします。倉庫に入れた時の含水率は7％で、この段ボール箱の圧縮強さは5000Nでした。梅雨の時期を迎え、湿度が高くなる中で長期間置かれていたため、含水率が12％に上昇してしまいました。

さて、この時の箱の圧縮強さはどのように変化するでしょうか。

式1から $Px = 5000 \times 0.9^{(12-7)}$ となります。0・9の5乗は約0・59ですので、圧縮強さは$Px = 5000 \times 0.59 = 2950$（N）となります。含水率が5％上昇することで、圧縮強さが約4割低下することが分かります。

要点BOX
- ●含水率が1％増すと圧縮強さが約10％低下
- ●含水率が変化しても圧縮強さを推定できる

含水率(%)の差と圧縮強さの比

含水率の差 %	-1.0	-0.5	0	0.5	1.0	1.5	2.0	2.5
圧縮強さの比	111	105	100	95	90	85	81	77
含水率の差 %	3.0	3.5	4.0	4.5	5.0	5.5	6.0	6.5
圧縮強さの比	73	69	66	62	59	56	53	50

含水率と段ボール箱の圧縮強さの関係(含水率7%のとき圧縮強さが5000Nを示す場合の例)

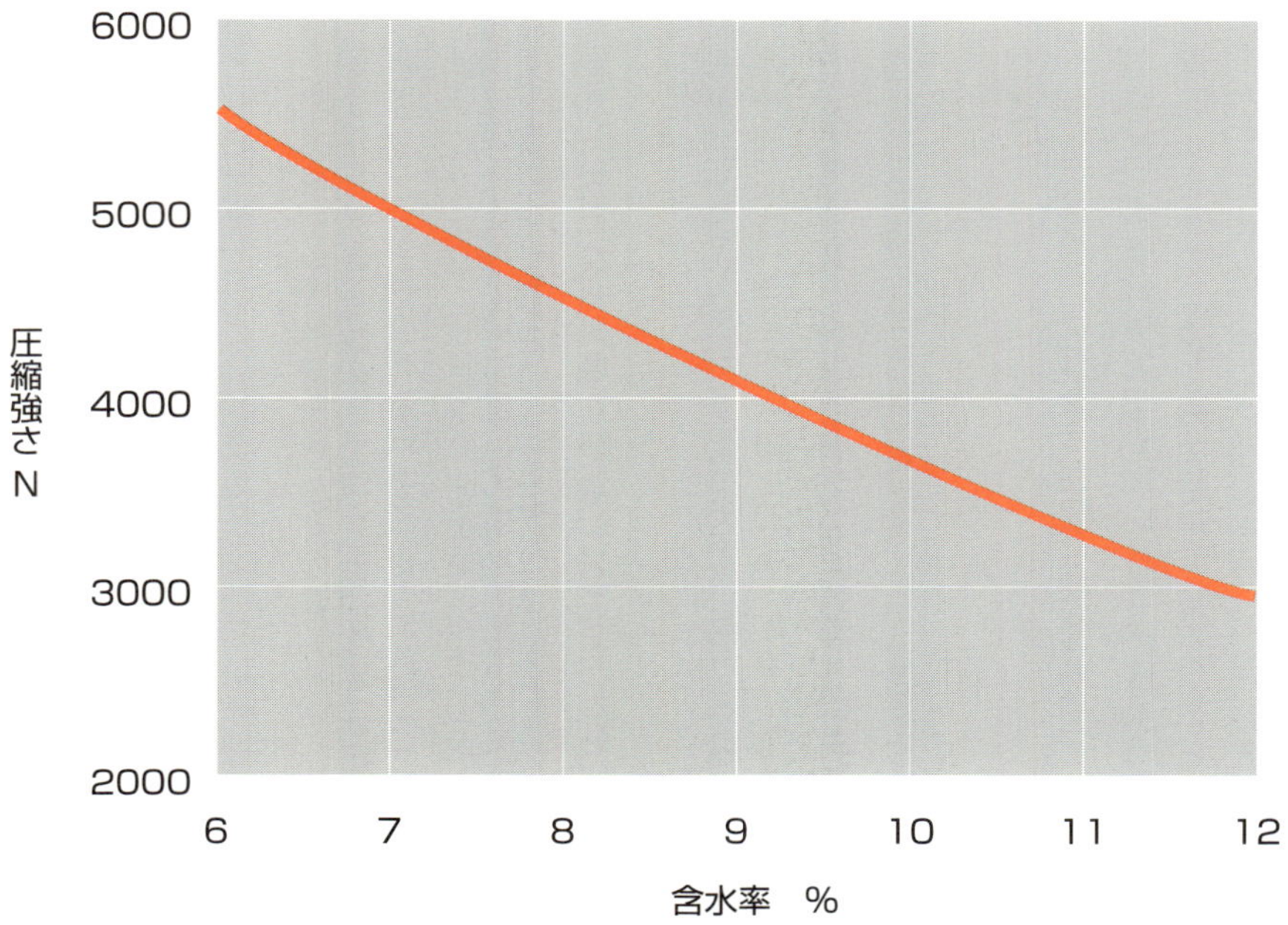

42 荷重をかけ続けると弱くなる

保管期間の強度への影響

内容品の入った段ボール箱を積み上げて荷重のかかった状態で長期間保管すると、材料の疲労によって圧縮強さが低下します。そのため荷重を加え続けると、箱はやがてはつぶれてしまいます。荷重をかけ続けたときの段ボール箱は、荷重比が大きいほど耐久時間が短くなります。荷重比とは段ボール箱が有する圧縮強さに対し、保管時の箱に加わる荷重を百分率（%）で示した値です。また、耐久時間とは、荷重をかけ始めてから箱がつぶれるまでの時間のことです。

段ボール箱にかかる荷重比と耐久時間の関係が図1です。この実験は一定温度、一定湿度のもとで行われましたが、実際には、保管中に温湿度などの環境条件が大きく変動することも考えられます。その場合は保管できる日数が変わってしまい、全てがこのグラフに当てはまるというわけではありませんが、保管期間がどの程度、圧縮強さに影響を及ぼすか、おおよそ理解できると思います。

例えば、5000Nの圧縮強さの段ボール箱に一定温度、一定湿度の環境条件下で2500N（荷重比50%）を加えたとき、その段ボール箱は300日間程度耐えることが図1から分かります。しかし、荷重が3000N（荷重比60%）になると、約20日間しか耐えることができません。例えば、300日間積載保管したい場合、5000Nの圧縮強さを有する段ボール箱で荷重比は50%未満にしなければならず、荷重は2500N未満しか加えられないということになります。また、20日間以下の積載保管であれば3000N（荷重比60%）でもよいということになります。

ただし、実際には温度や湿度、積重ねパターンなどさまざまな低下要因が同時に作用するため、積載可能な日数は図1よりも短いと考えるべきでしょう。

要点BOX

- ●段ボール箱に一定荷重をかけ続けると圧縮強さが低下し、やがては座屈する
- ●荷重比によって保管可能な時間が大きく変わる

表1　荷重比が大きいときの耐久時間の例

荷重比 （%）	耐久時間
58%	35.6日
80%	6.7時間
87%	7.3分
95%	1.3分

図1　段ボール箱にかかる荷重比と耐久時間の関係

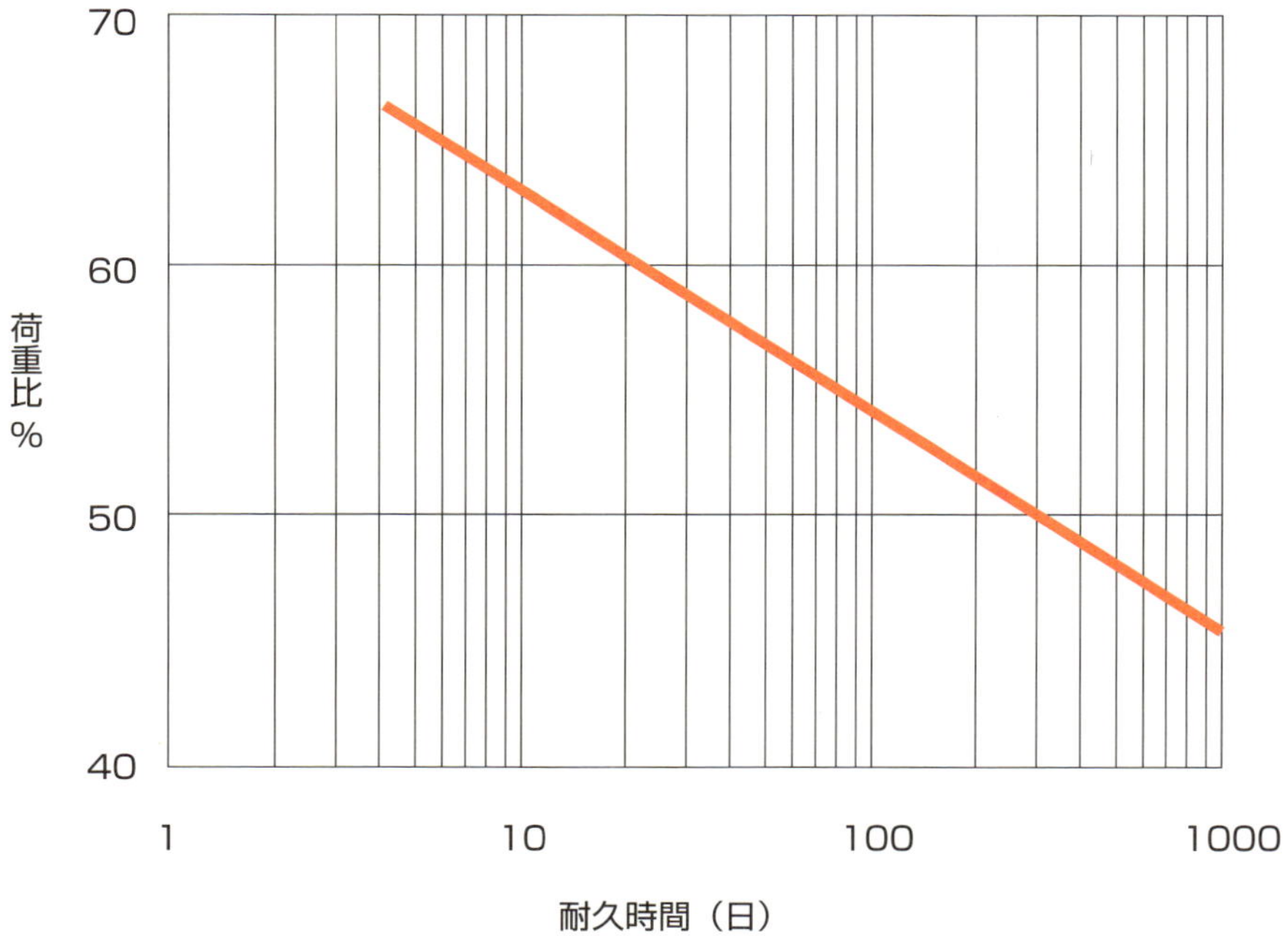

参考文献:K・Q・Kellicutt and E・F・Land,Forest Product Lab・, No・D1911（1951）

43 積み方ひとつで大きく変わる

パレットパターンと強度

段ボール箱をパレットに段積みする際、パレットの寸法や積載効率などを考慮して、風車積み、レンガ積み、並列積みなどと呼ばれるさまざまな配列のパレットパターンが採用されています。

通常の段ボール箱は、上からの荷重に対してはコーナー部が最も強いため、段積みの際、コーナー部同士が重なるよう真っすぐ積み上げるのが、圧縮強さの点では最も有利です。この積み方を棒積みと呼びますが、積荷の状態が不安定になることが多いため、段ごとに向きを90度、あるいは、180度変えながら交互に積むことがよくあります。このような段ごとに向きを変える積み方を、交互積み、交差積み、あるいは回し積みなどと呼びます。

積荷全体で考えた場合、圧縮強さは箱の積み方ひとつで大きく変わってしまいます。例えば、棒積みから交互積みにすると、圧縮強さが40%以上も減少した例や、レンガ積みを風車積みにすると約20%減少したという例もあります。積荷の安定のために行った交互積みが、パレットパターンによって程度の差はあれ、圧縮強さ低下の大きな要因となってしまいます。そのため、積載方法による圧縮強さへの影響も考慮して段ボールの材質が選ばれます。

パレットからはみ出すなど、オーバーハングの状態も圧縮強さに影響します。通常はオーバーハングしないよう段積みしますが、積載効率を優先するあまり、やむを得ずオーバーハングになってしまう場合もあります。パレットからはみ出している箱はつぶれやすくなります。さらに、パレットの天板のすき間が大きく開いていると、オーバーハングと似た状況になることも考えられます。

このように、積み方ひとつで圧縮強さに大きく影響するため、積み段数が同じ場合であっても、パレットパターンを変える際は、安全性をよく確かめる必要があります。

要点BOX
- ●圧縮強さの点では棒積みが有利
- ●交互積みは圧縮強さを低下させる大きな要因
- ●オーバーハングすると箱がつぶれやすくなる

圧縮荷重の分布のイメージ

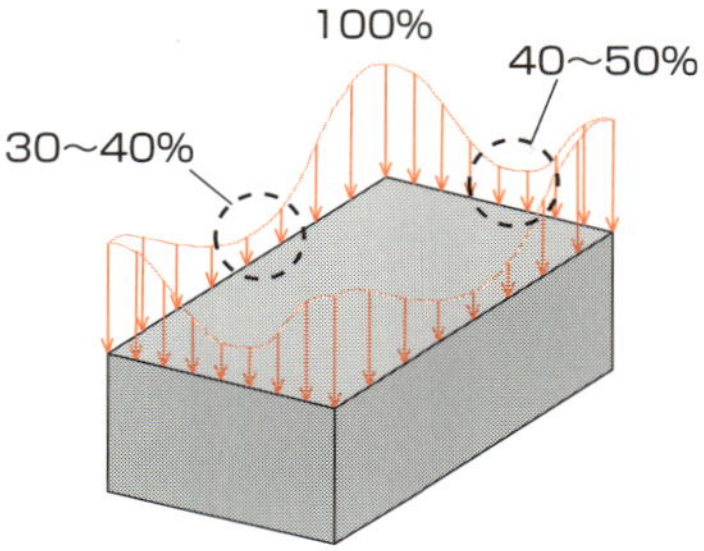

角部分を 100 としたときの比較

パレットパターン

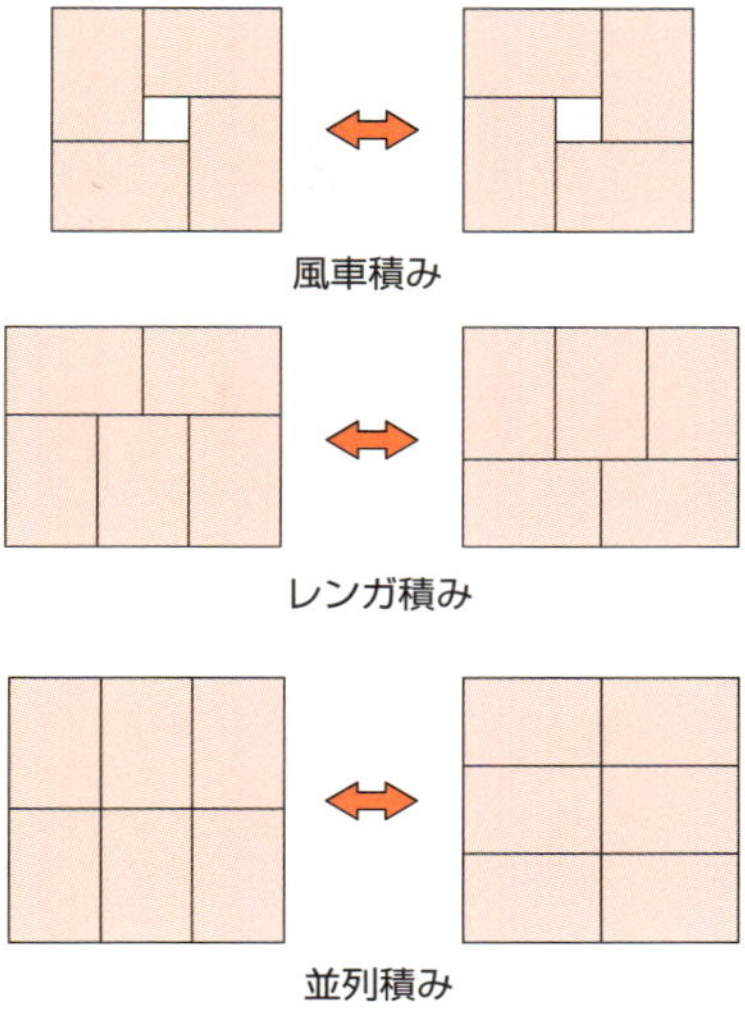

積載による圧縮強さへの影響

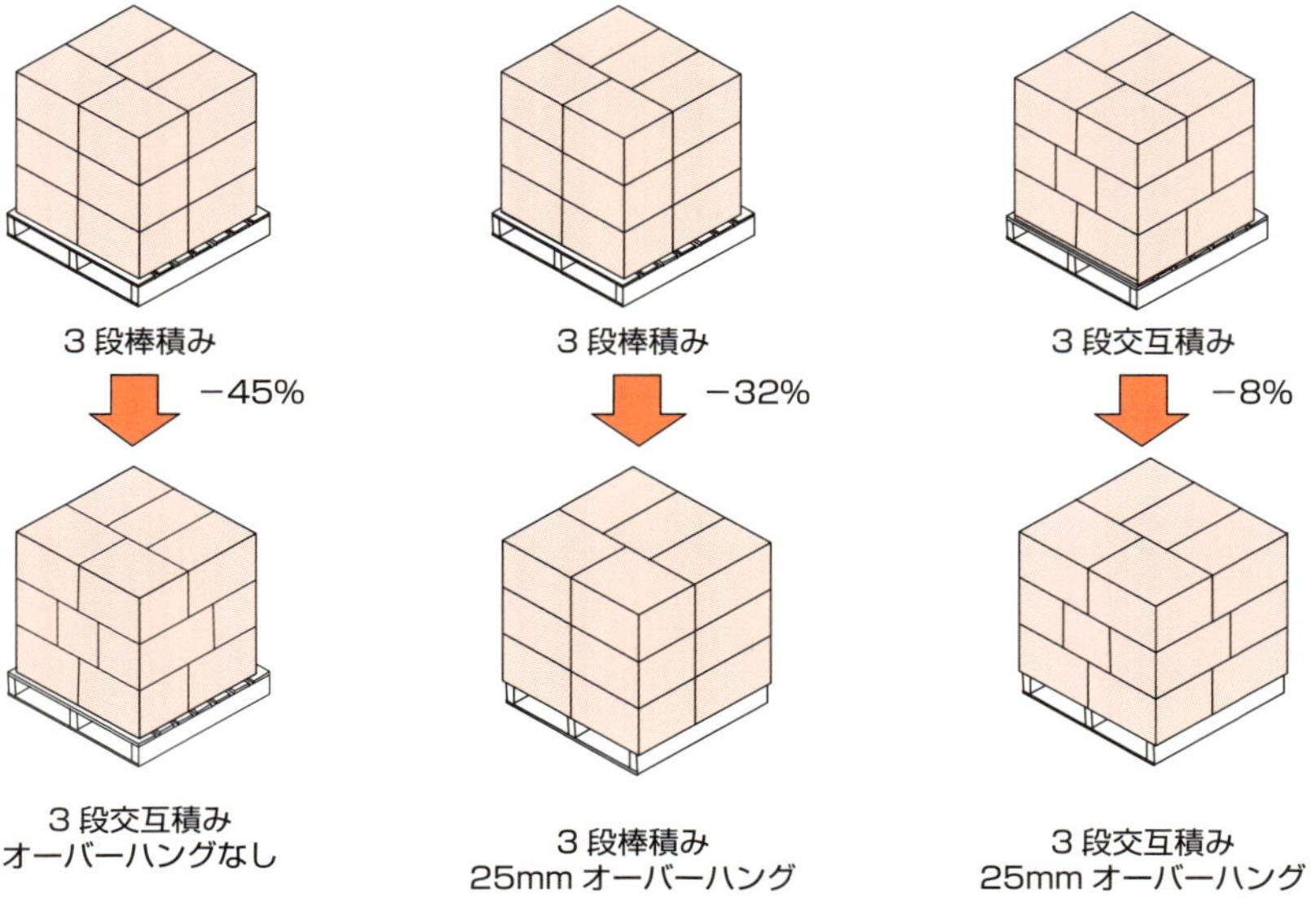

参考文献：Uldis I levans, Tappi Journal 58(8),106 (1975)

44 段をつぶすと弱くなる

段ボールの製箱工程には、印刷と打ち抜き工程がありますが、加工の際、段つぶれが生じてしまうことがあり、圧縮強さに影響をおよぼします。

印刷工程では、段ボールに印版を押し当てるため、印圧がかかり、印刷部分の段に若干のつぶれが生じます。特に、塗りつぶし部分が多い、ベタ印刷や帯印刷といわれる印刷では、かすれないように印圧を強くする傾向があり、段への影響が大きくなります。通常、印刷工程での圧縮強さの減少は10～15％ですが、全面ベタ印刷や帯印刷の場合は20～25％も減少します。中しんの強度や印刷方式によっても異なりますが、段ボールの圧縮強さを低下させないためには、できるだけ段をつぶさない印刷デザインにする配慮が必要です。

打ち抜き工程では、段ボールに刃型を強く押しつけることで押し切りを行い、同時に、けい線や切り目を入れ、シート状の段ボールから必要な形状を抜き取ります。その際、木型につけられたスポンジやコルクによって段がつぶされてしまいます。複雑な形状になればなるほど、これらを多く取り付ける必要があるため圧縮強さの低下も大きくなります。

段ボールは自らつぶれることで内容品を保護するため、一度段がつぶされると元には戻りません。段がつぶれると厚み損失が生じます。左のグラフは、AフルートまたはCフルートで、段を全面つぶしたときの、厚みの損失率と圧縮強さの関係を表わしています。フルートや中しんの種類に関係なく、厚み損失が大きいと圧縮強さが減少することが分かります。例えば、厚みの損失率10％の場合、圧縮強さは約20％低下します。

段がつぶされる位置も影響します。フラップのけい線近くに段つぶれが生じると、圧縮強さへの影響が大きく、フラップけい線の近くはできるだけつぶさないように配慮する必要があります。

印刷・打ち抜き加工の強度への影響

要点BOX
- ●印刷により、圧縮強さが10～15％、全面ベタ印刷では20～25％低下
- ●厚み損失10％で圧縮強さは約80％になる

印刷工程における段つぶれ

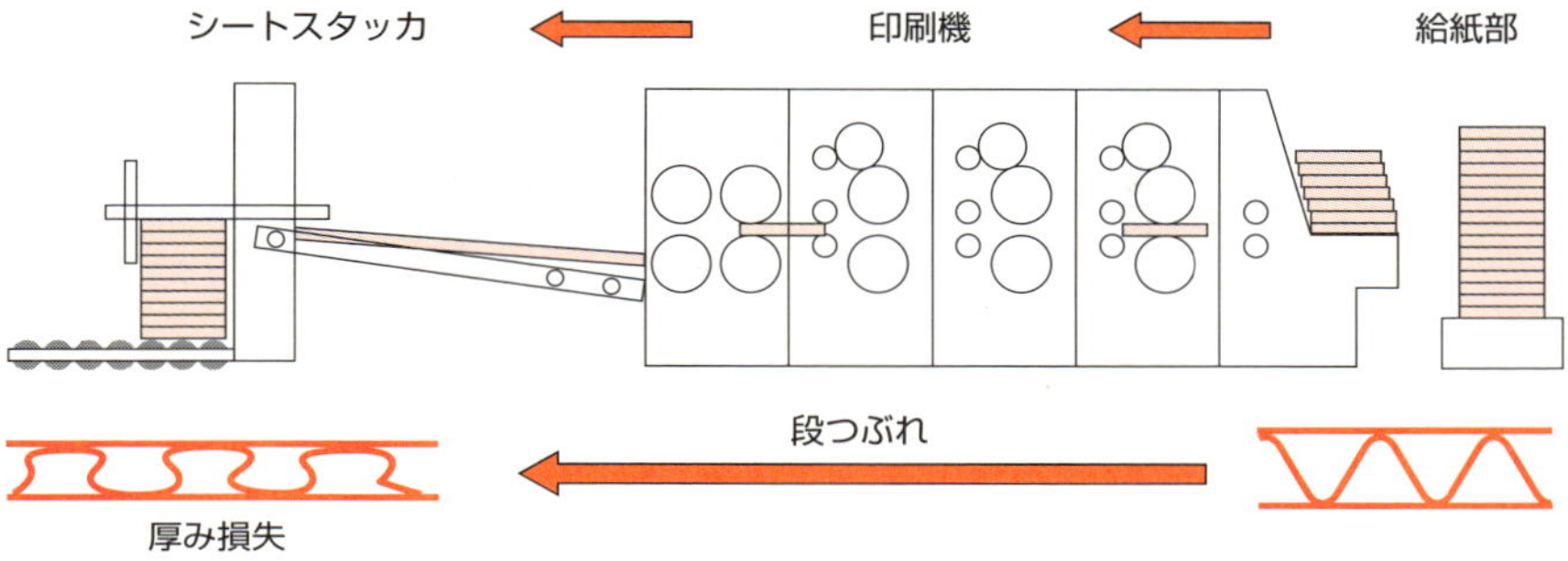

全面ベタ印刷

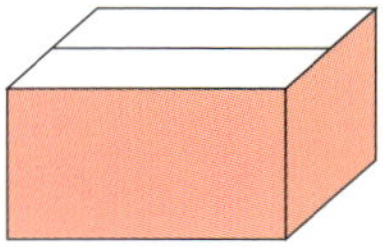

帯印刷

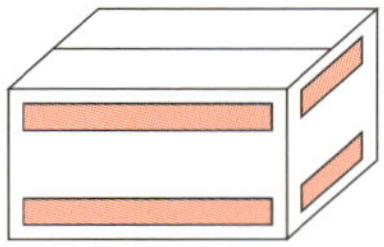

厚み損失と段ボール箱圧縮強さの関係

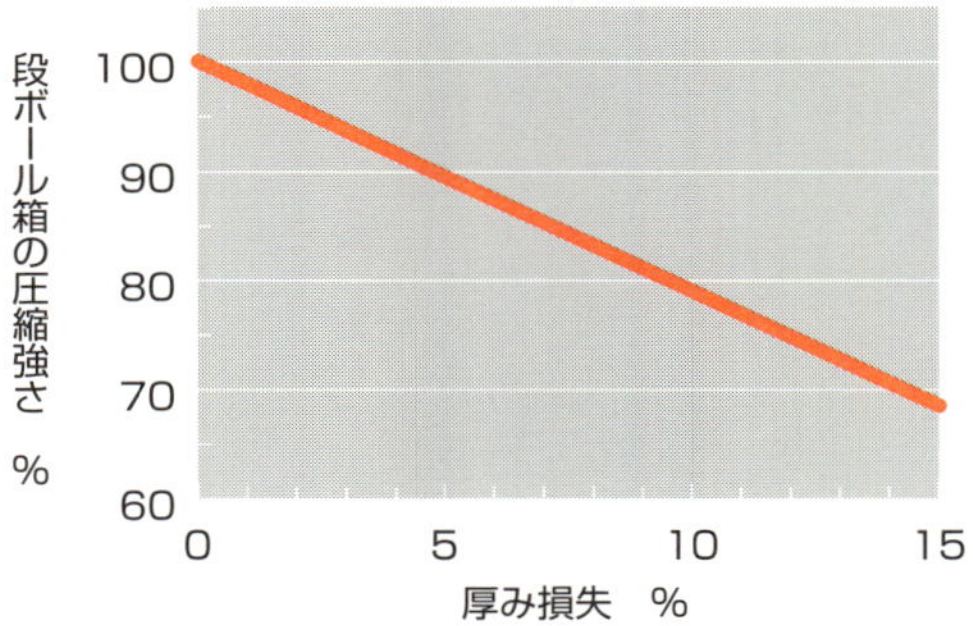

参考文献：藺島ほか、日本包装学会第21回研究発表会予稿集 p.34-35（2012）

圧縮強さに影響しやすい箇所

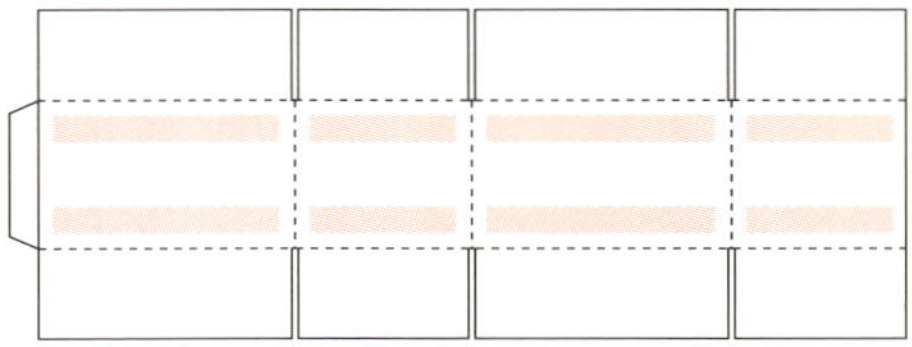

参考文献：中尾ほか、日本包装技術協会第52回全日本包装技術研究大会予稿集 P.44-47（2014）

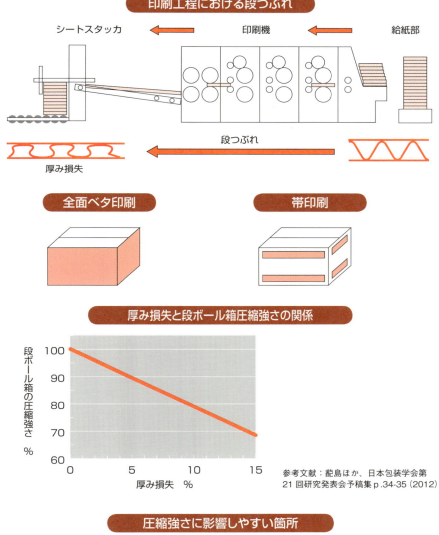

45 便利な手穴も箱にとっては…

手穴や段違いけい線の強度への影響

持運びを便利にするために、段ボール箱に指を引っかける穴を開けることがあります。これらは手穴、手掛け穴、把手穴、手提げ穴などと呼ばれ、寸法、形状、位置も様々です。長方形の両短辺を円弧状にした形状が一般的で、通常、箱の短い方の面であるつま面の両方に設けます。

手穴加工により段ボール箱の圧縮強さは低下します。寸法や個数によって異なりますが、箱のつま面の両方に手穴加工をした場合、圧縮強さは20％以上減少します。

手穴の位置も圧縮強さに影響します。高さ方向に対しては、天面となるフラップのけい線に近づくほど圧縮強さを損ないます。中央部にあるほうが圧縮強さへの影響は少ないのですが、持ちやすさを考えると、どうしても天面に近い方に寄せて手穴を開けることになります。グラフは、手穴の上下位置と圧縮強さの関係を表わしています。また、横方向の位置も圧縮強さに影響します。段ボール箱の寸法によっても異なりますが、コーナー部に近づくほど影響は大きく、圧縮強さは急激に低下します。

封かんの作業性や段積みの安定性を向上させるため、外フラップと内フラップのけい線を少しずらした段違いけい線にする場合があります。特に複両面段ボール箱は、封かんしたときに天面と底面がふくらんだ状態になりやすく、段違いけい線が有効です。しかし、段違いけい線にすると、天面に荷重がかかったとき箱の胴部の各面に均等に荷重が掛からないため、外フラップと内フラップのけい線が一直線となる通常の0201形に比べ、圧縮強さが20％も低下することがあります。

また、側面やつま面に入れた開封ジッパーやカットテープなどの切り出し口も圧縮強さを損なう要因となるため、これらの強度低下を想定した材質選定が必要となります。

要点BOX
- ●手穴加工で通常の20％以上強度が低下
- ●段違いけい線加工でも20％も強度が低下することがある

手穴の上下位置と圧縮強さの関係（レンゴー測定例）

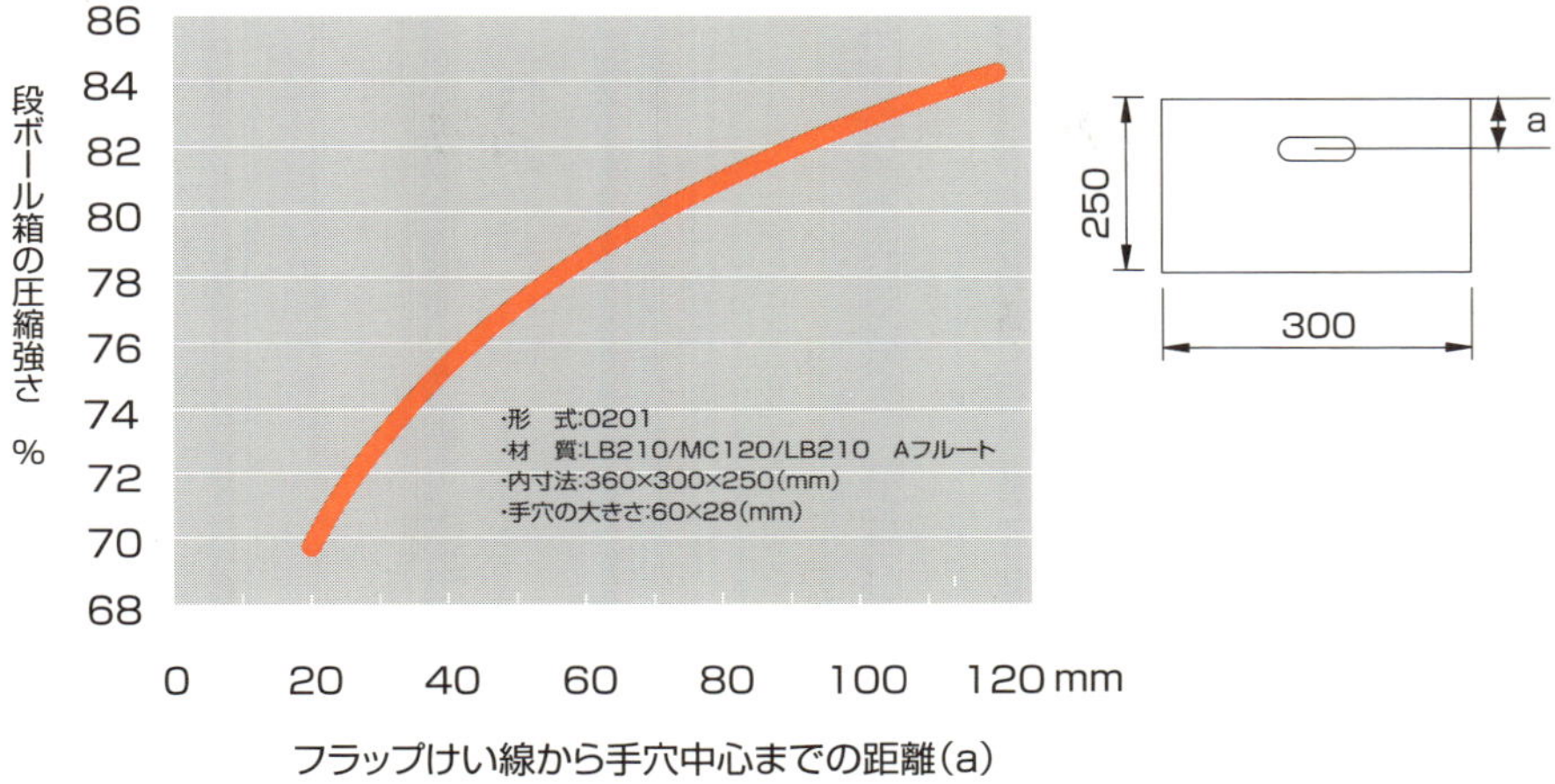

段違いけい線による圧縮強度の低下

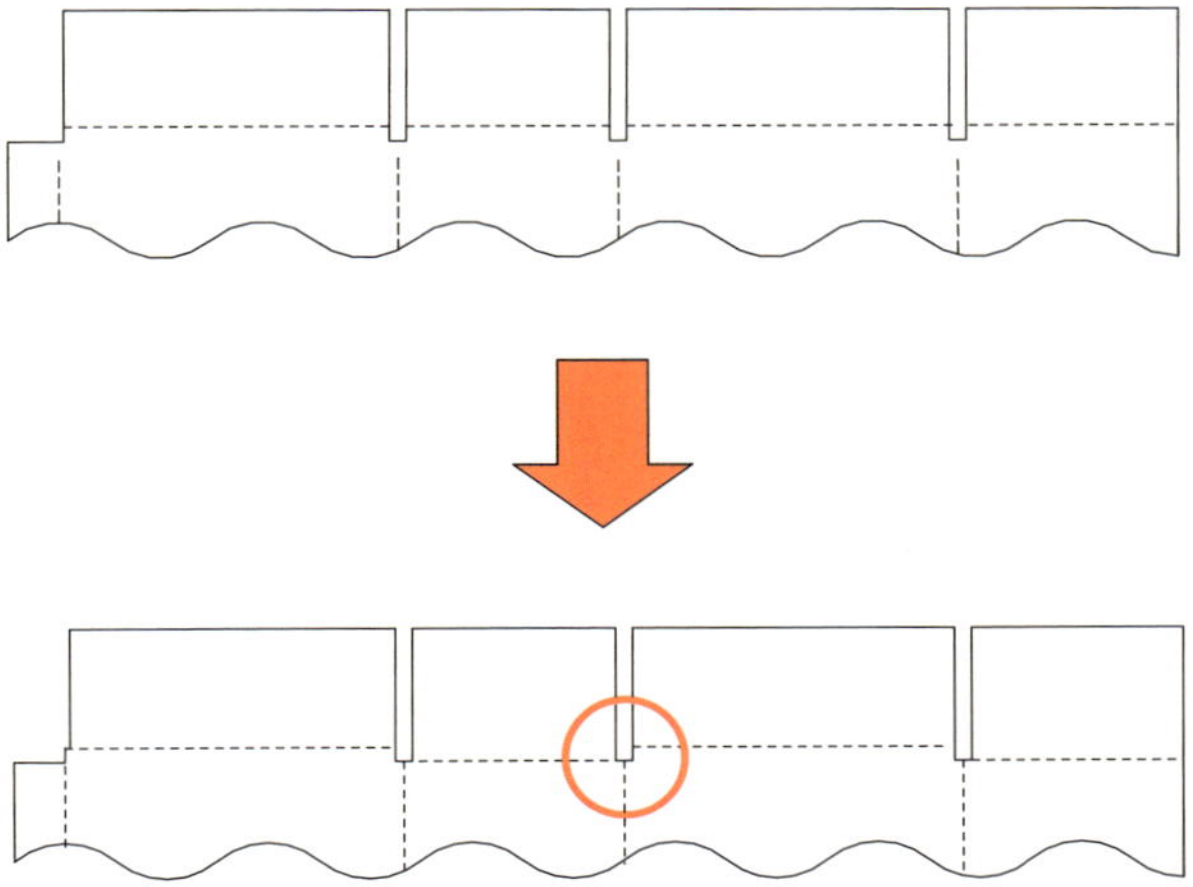

ストレートけい線
（コルゲータけい線）

段違いけい線

圧縮強さ低下率

A フルート：5 ～ 10%

B フルート：15 ～ 20%

（レンゴー測定例）

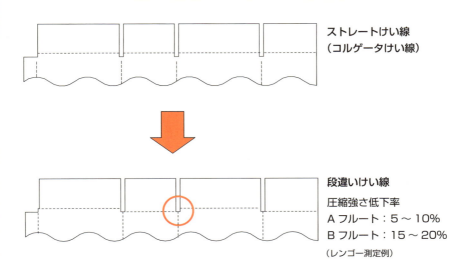

Column

セールスマンではなくコーディネーター

段ボール箱は全てがオーダーメイドです。一見同じように見える段ボール箱も、実は1点1点内容品に合わせた最適な寸法、形式、材質で作られています。そのため、段ボールメーカーの営業マンは、ユーザーの要望をきめ細かく聞き、全てを取りまとめたうえで、最も適した段ボール箱を提案します。

包装の形態、内容品の入数、入れ方、包装ライン、最適なパレット積み付けパターン、印刷デザインのアイデアに至るまで、ユーザーに寄り添い一緒になって考えます。

箱の仕様が決まれば、直ちに段ボール工場に手配をかけ、製造の予定を確認します。段ボールは受注生産が基本なので、定められた納期から逆算して、製造や配送の予定が立てられます。

段ボール箱の内容品は、ユーザーにとっては大事な自社の製品です。でき上がった製品がしっかり包装され、無事に届け先まで輸送されなければなりません。その間のあらゆる状況を想定して、最適な包装を提案するのが段ボールの営業マンの役割でもあります。

また、商品の企画段階から加わり、販売促進効果やトータルコストを考えながら、紙器箱やフィルム包装などの個装から内装、そして外装となる段ボール箱や包装システム、セールスプロモーションツール（SP）にいたるまでを一括して提案することもあります。

段ボールメーカーの営業マンは、単に箱を売るというだけではなく、ユーザーにとって何が必要かを的確に判断できる包装のコンサルタントでなければなりません。例えば、個装の寸法や内寸法の余裕を数ミリ小さくすれば、積載効率や輸送効率を改善できるのではないか、パッケージのデザインを変えればもっと製品が売れるのではないかなど、さまざまな観点から検討し、最善の包装を提案しています。

ユーザーから提供された情報を、素早く正確に工場や関連部署に伝え、共有することも段ボールメーカーの営業マンの大切な仕事です。製造、物流、包装技術、デザインなど、関連する部門と打合せを重ねていくことで、その商品の価値をさらに高めるためのヒントを見つけ課題解決型の提案が可能になります。営業マンは、社内と社外をつなぐコーディネーターの役割も担っています。

このように段ボールメーカーの営業マンは、単なるセールスマンではなく、全体最適を図るコーディネーターであり、包装コンサルタントであり、包装全般の提案を行うプロフェッショナルな存在なのです。

第5章

機能性段ボール

46 紙は水に弱いという常識を覆す

耐水段ボール

紙でできた段ボールは水には弱く、濡れると強度が低下し箱が変形したりつぶれたりします。紙は繊維同士が水素結合で結びついているため、繊維間に水分が入ると急激に結合力が弱まります。また、水分はライナと中しんを貼り合わせている糊にも影響し剥がれやすくなります。

こうした、紙は水に弱いという性質を改善した段ボールには、短時間水がかかっても水をはじいて浸透を防ぐ「はっ水段ボール」と、長時間水に濡れても強度の低下が少ない「耐水段ボール」があります。小さな水滴が瞬間的にかかるくらいであれば、はっ水段ボールでも大丈夫ですが、長時間水に触れる場合は耐水段ボールを用います。

耐水段ボールには、青果物や冷凍食品などに使われる「中・軽耐水段ボール」、鮮魚などに使われる「強耐水段ボール」等、用途に応じていくつかの種類があります。

かつては、熱で溶かしたろうの中に段ボール箱を丸ごと漬けたり、ポリエチレンフィルムをラミネートしたライナを使用するなどして、耐水段ボールがつくられていました。これらは水の浸透を防ぐという点では優れていましたが、逆に、水が浸透しないため古紙としてリサイクルができず、使用後は廃棄物として処分しなければなりませんでした。リサイクル性は段ボールにとって極めて重要な特長であるため、リサイクルできる耐水段ボールの開発が進められました。

製造方法にはいくつかありますが、いずれの場合も、リサイクル性を阻害しない特殊な耐水剤を、原紙や段ボールの製造段階で塗工、浸透させることでリサイクル可能な耐水段ボールに加工されます。

なお、耐水剤を塗工すると、表面が滑らかになることから、振動による内容品のこすれ傷などが抑制されるといった耐水性以外の効果も期待できます。

要点BOX

- ●耐水段ボールは水にぬれた時の強度低下を抑える
- ●耐水段ボールもリサイクルできることが重要

水に強い段ボール

強耐水段ボール箱

中・軽耐水段ボール箱

耐水段ボールもリサイクル性が重要

散水試験後の圧縮強度の比較

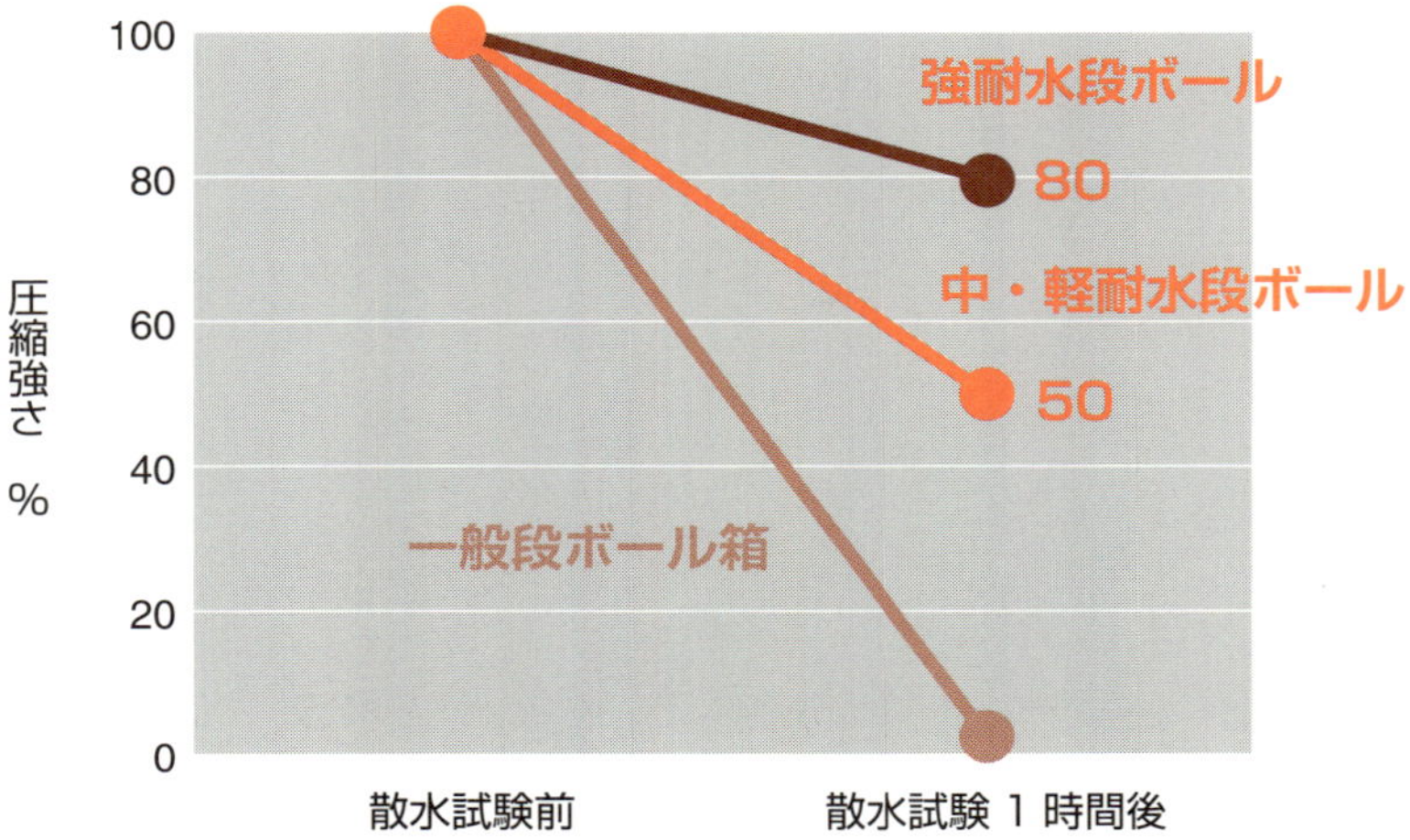

47 野菜や果物の鮮度を保つ

保冷段ボール・防湿段ボール

食品の鮮度を保つには冷蔵が有効なことはよく知られています。しかし、流通の過程で常に冷蔵状態を維持することは難しいため、保冷性能を向上させた保冷段ボールが使用されることがあります。

保冷段ボール箱は、内面に赤外線放射率の低い金属粉を塗工したり、金属箔を貼り合わせるなどして、外気温の影響で箱の表面が温まっても、箱内部への伝熱量を少なくすることができます。例えば、箱の中の温度が0℃から20℃に達するまでの時間は、通常の段ボールでは30時間ですが、保冷段ボールでは40時間となります（図1）。

一方、青果物では鮮度を保つために乾燥させないことも重要です。青果物は水分が減少すると、表皮の色艶や歯ごたえがなくなって品質が低下します。通常の段ボールでは水分を箱の内部にとどめる効果がほとんどないため、防湿段ボールが利用されています。

防湿段ボール箱は、箱の内面に防湿材を塗布したり、プラスチックフィルムを貼り合わせることで、箱の壁面を透過する水蒸気の量を減少させることができます。通常の段ボール箱の1／3～1／20程度にまで減少させることが可能で、乾燥により鮮度が落ちやすいナスやキュウリ、ニンジン、エダマメなどの青果物に使用され、それぞれ特有の水分蒸散量に最適な透過性能のものを選択します。例えば、ナスの場合では、水蒸気透過量を1／10に減少させた防湿段ボール箱を使用して3日間保管すると、通常の段ボール箱と比べて、ナスの質量減少を1／3以下に抑えることができます。

かつては、保冷や防湿をうたう段ボールは、金属箔やプラスチックフィルムを貼り合わせたものが一般的でした。しかし、それらはリサイクルの障害となるため、現在ではリサイクルが可能な方法が採用されています。

要点BOX
- ●赤外線放射率の低下で伝熱量を減らして保冷
- ●防湿皮膜で水蒸気の透過量を減らして防湿

保冷段ボール

青果物のほか水産・畜産加工品、
酒類の保冷輸送などに使用される

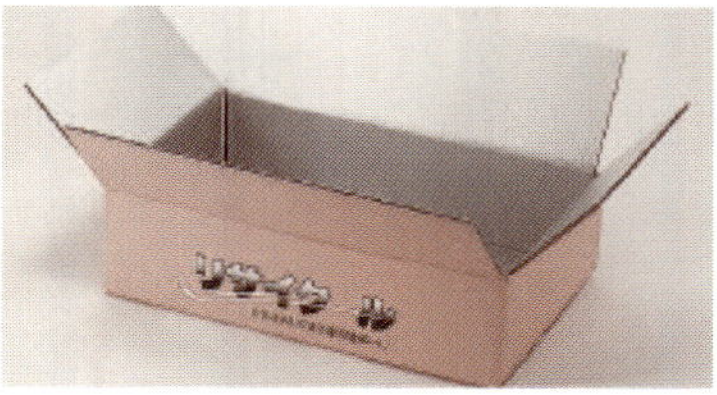

内側には保冷塗工剤が塗られている

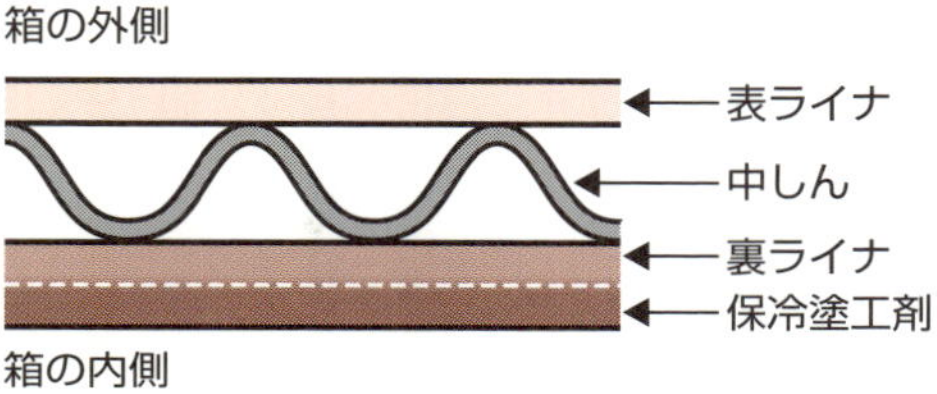

図 1

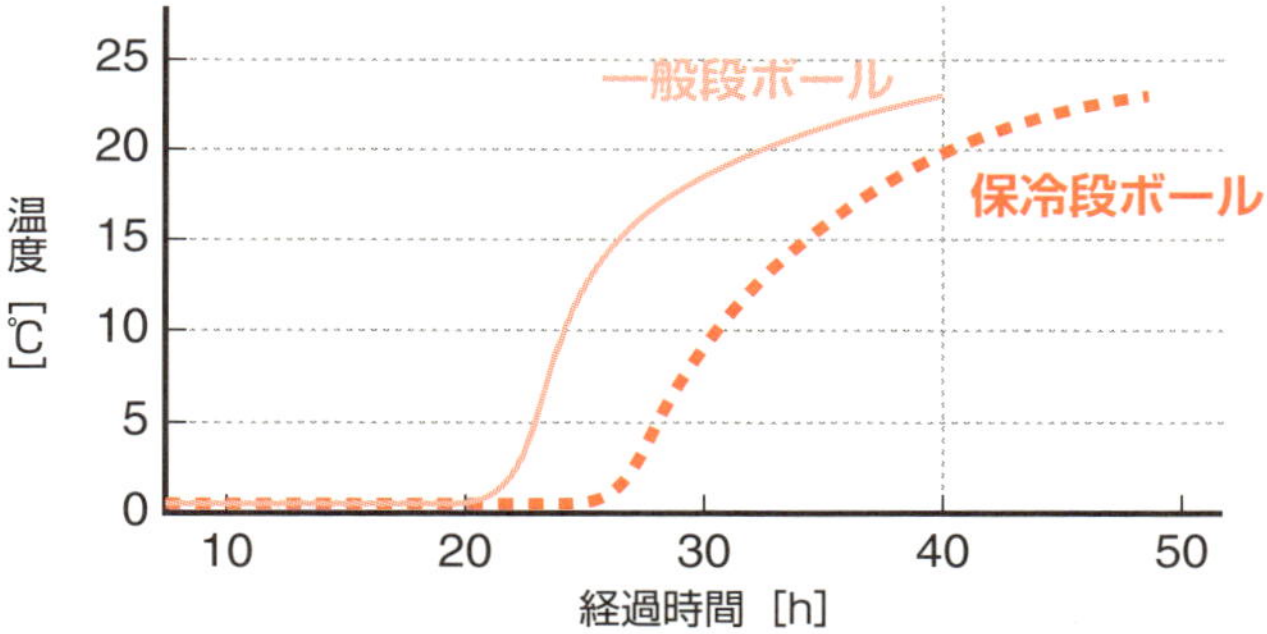

段ボール箱に氷片を入れた場合の水温上昇例

防湿段ボール

ナスのような水分の蒸発しやすい青果物や花などの輸送に使用される

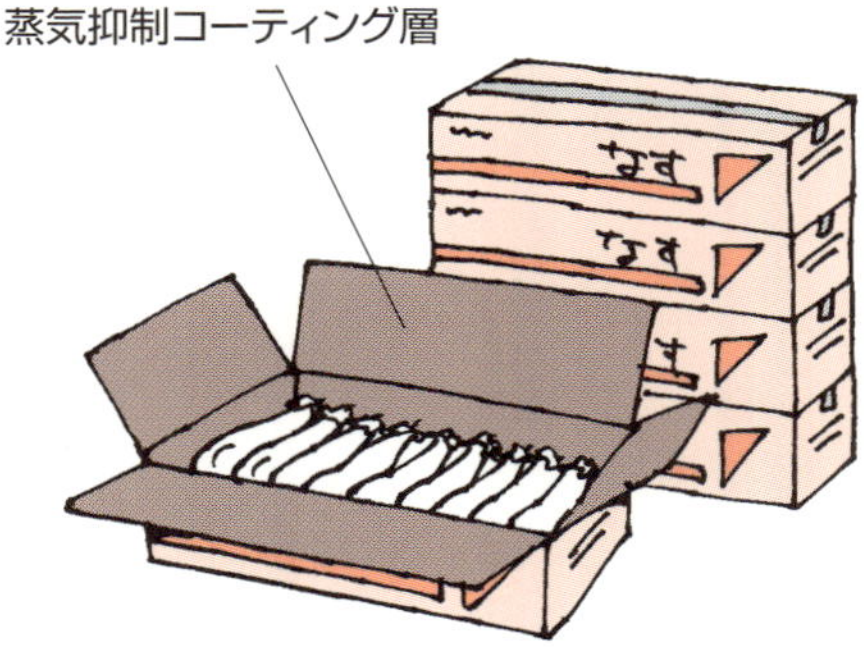

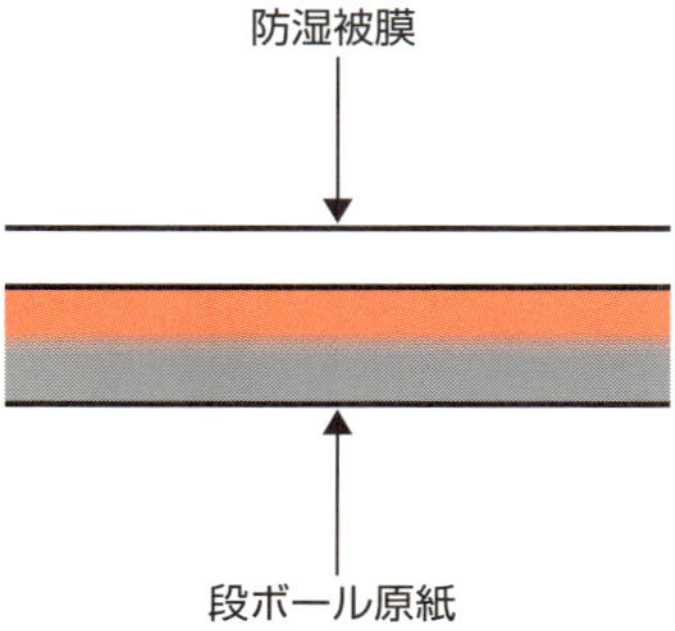

48 虫の侵入や虫食いを軽減

近年、食の安全・安心への関心の高まりにより、虫をはじめとする食品への異物混入が問題となることも多く、食品メーカーなどでは、防虫に関する対応と防止策が最も関心の高い事項の一つとなっています。

食品メーカーでは、ISO9000やHACCPの導入、それに対応した設備投資を行い、製造段階での虫の混入を回避しています。しかし、虫の混入は出荷から消費者の手もとに至る保管・流通段階が多いといわれており、そこでの防虫対策が求められています。

防虫包装には、「物理的に虫が侵入できない強度を有するフィルムで包装したもの」、「防虫効果を有する薬剤を包装材に加工したもの」の2種類あり、防虫段ボールも開発されています。保管・流通段階では、一般家庭やオフィス等で見られるゴキブリ、蚊、ハエ、ノミ、ダニ等、感染症の病原体を運ぶ衛生害虫が問題となることは少なく、メイガ類の幼虫やチャタテムシ等の貯穀害虫、カツオブシムシ類の衣類害虫・食品害虫が対象となります。中でも、ノシメマダラメイガの幼虫は、薄手のポリエチレンフィルムや発泡スチロール程度であれば、自ら穴をあけて内容物を食害してしまいます。

防虫段ボール箱は、箱の表面に虫を殺す殺虫剤や虫を寄せつけない忌避剤等の防虫薬剤を塗工したもので、安全性を第一に考慮し、人体には無害で虫よけ効果のある合成薬剤や、虫食いの少ない植物から抽出した天然精油などが使用されています。

忌避効果については統一された試験方法はありませんが、未加工の通常の段ボール箱と防虫段ボール箱を比較すると、製造1カ月後においても虫の侵入が抑えられ、効果が保持されていることが左表から分かります。防虫段ボール箱は、主に引越用や食品向けに使用され効果を発揮しています。

要点BOX

- 包装の分野では貯穀害虫、衣類害虫が問題の対象
- 天然精油などを塗工して虫除け効果を与える

虫が嫌う天然精油等で虫よけ

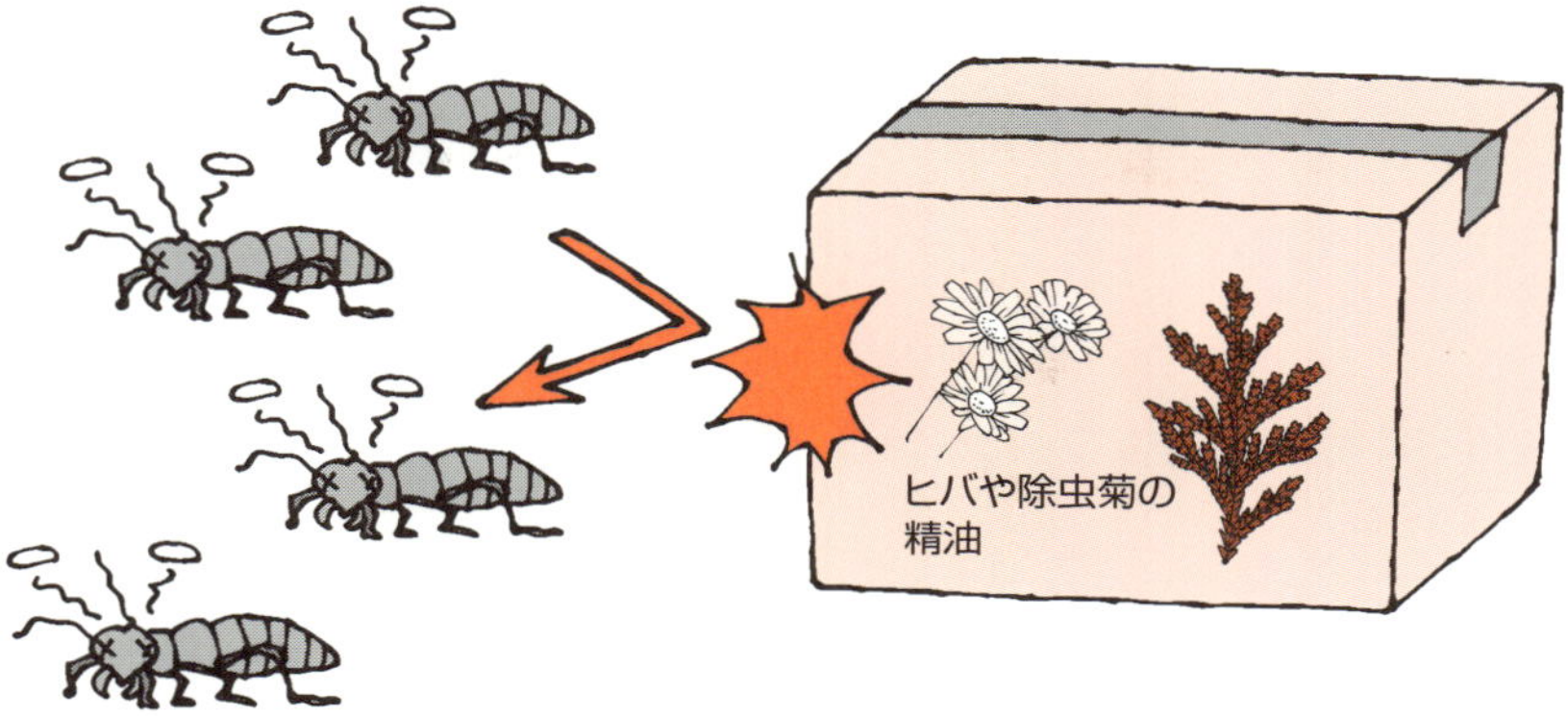

虫よけ効果の実験結果

	餌	検体	侵入率(%)
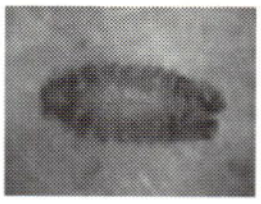 ヒメマルカツオブシムシ幼虫	羊毛	未加工紙箱	56
		防虫箱(製造直後)	21
		防虫箱(製造1カ月後)	24
 ノシメマダラメイガ幼虫	乾麺	未加工紙箱	90
		防虫箱(製造直後)	26
		防虫箱(製造1カ月後)	31
 コクヌストモドキ成虫	ナッツ	未加工紙箱	81
		防虫箱(製造直後)	35
		防虫箱(製造1カ月後)	49

用語解説

ISO9000：国際標準化機構による品質マネジメントシステムの一つ

HACCP（ハサップ）：食品製造工程における品質管理システム。Hazard Analysis and Critical Control Pointの略。

49 錆を防ぐ

電子部品や機械部品等の金属製品は、長期の輸送や保管の際に錆の発生が問題になることがあります。この問題を解決するために開発されたのが防錆段ボールです。

金属に錆を発生させる化学反応には、空気中の水分や酸素等が原因となる「酸化」と、卵の腐ったような臭いといわれる硫化水素が原因となる「硫化」の2種類があります。

例えば、鉄やアルミ、亜鉛等は主に酸化が問題となります。銅は酸化することもありますが、銀となららび硫化水素との反応性が高く、主に硫化が問題となります。自転車を野ざらしで放置しチェーン等が赤茶色に変色する現象は酸化、シルバーアクセサリー等の銀製品が黒く変色する現象は硫化です。

酸化による錆を防ぐ防錆段ボール箱には、気化性防錆剤を塗工した段ボールが使用されています(図1)。鉄製品などの酸化の原因は、外気や段ボールに含まれる水分や塩分の影響などが考えられます。箱の内側に塗工された防錆剤が気化して金属表面に移行し、被膜を作ることで輸送・保管中に鉄製品が錆びることを防ぎます。段ボールから取り出された後は、防錆被膜は再度気化するため製品には残りません。

硫化による錆を防ぐ防錆段ボール箱には、硫化水素を吸着する薬剤を塗工した段ボールが使用されています（図2）。銅製品、銀製品は輸送・保管中、段ボール原紙中に微量に含まれる還元性硫黄という不純物が、空気中の水分と反応することで発生する硫化水素と反応して硫化します。ライナや中しんから発生する硫化水素が薬剤被膜に吸着されることで、銅製品、銀製品が硫化することを防ぎます。硫化水素を吸着する防錆段ボール箱は、小さな電子部品から大きなテレビのディスプレイ部品まで幅広く使われています。

要点BOX
- 錆のメカニズムは酸化と硫化
- 気化性防錆剤は酸化を抑え、硫化水素吸着剤は硫化を抑える

図1　気化性防錆剤塗工した段ボールの模式図

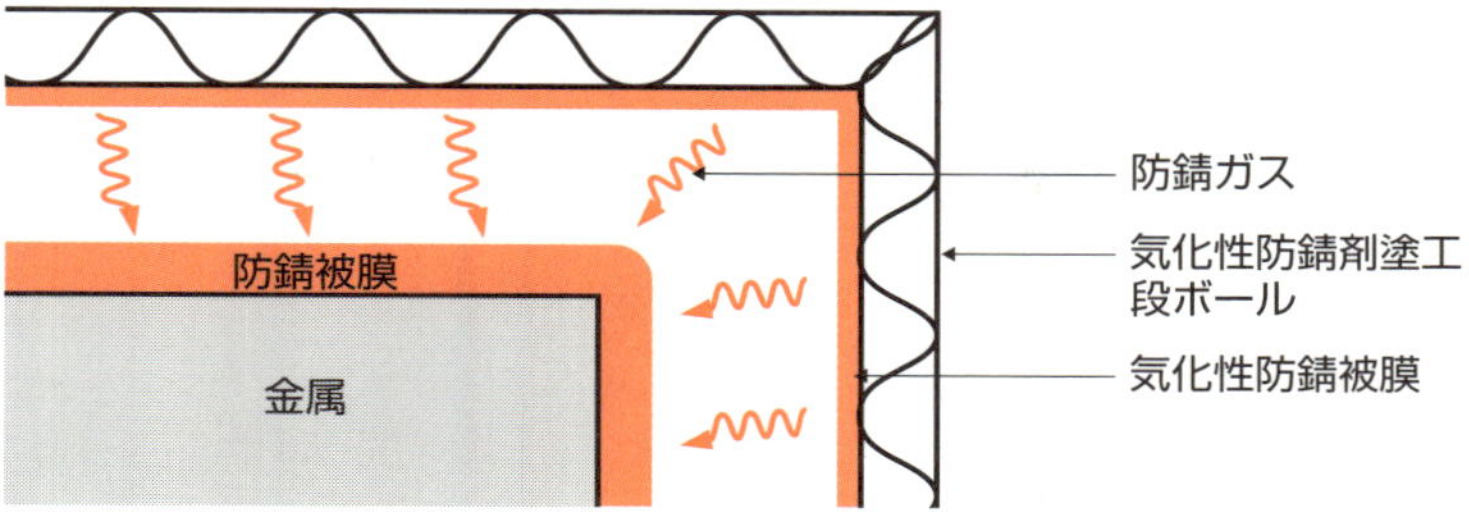

図2　硫化水素吸着剤塗工した段ボールの模式図

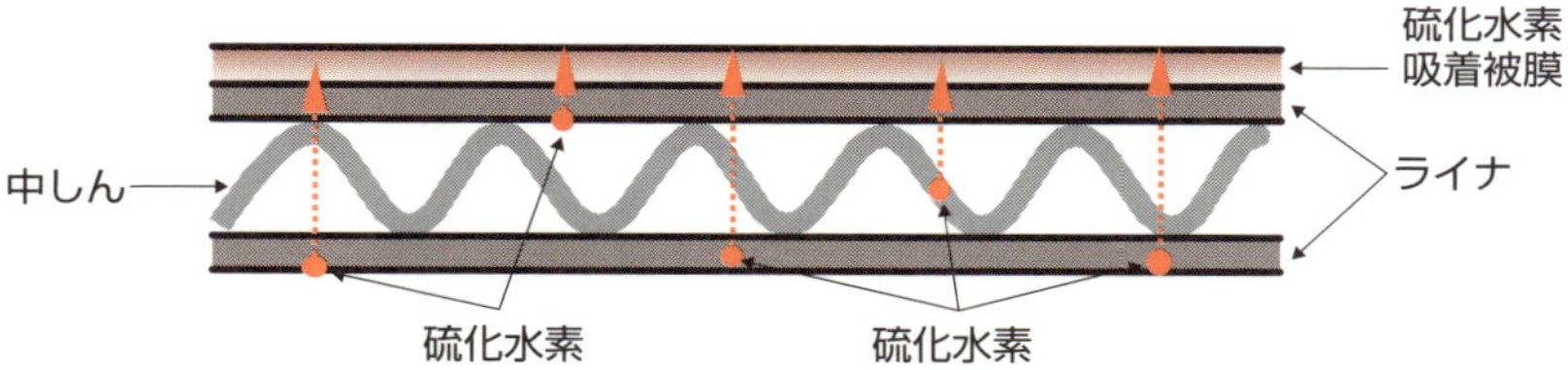

防錆段ボールと一般の段ボールに入れたときの違い

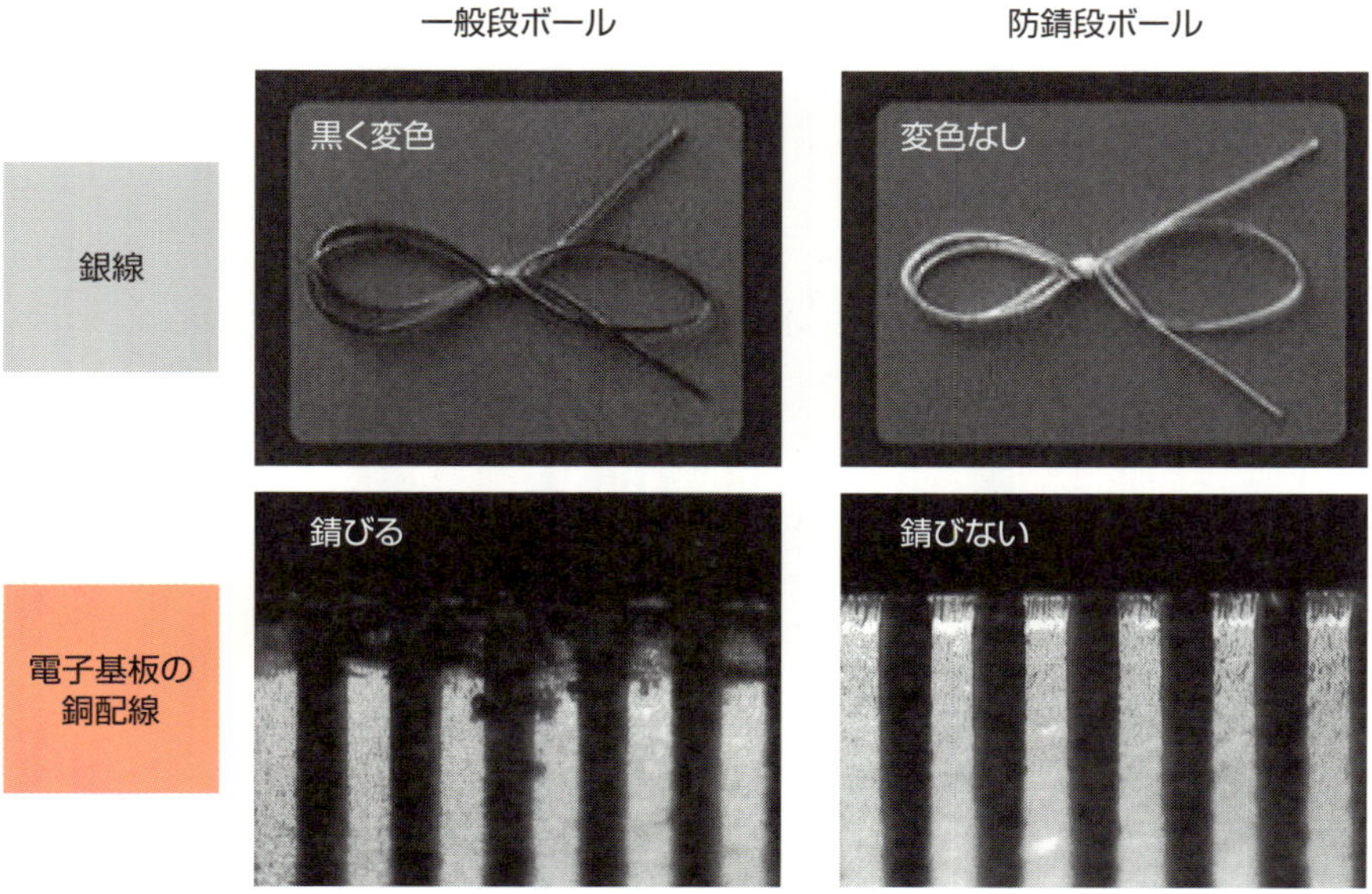

50 静電気の悪影響を軽減

導電性段ボール

ICなどの半導体部品や液晶などの電子機器は、静電気によって製品自体の機能が損なわれる恐れがあり、静電気によるほこりの付着も嫌います。

そのため、これらの生産現場には静電気を発生させない、あるいは拡散させるなど、さまざまな対策が施されており、保管や輸送に使用される包装材にも静電気への対策が求められるため、導電性段ボールが開発されています。

半導体部品や電子機器の包装材には主にプラスチックと紙が使用されています。プラスチックは表面抵抗値が10^{14}～10^{15}Ω／sq. と導電性が低い絶縁体で、静電気の減衰も遅く内容品に静電気障害を生じやすい素材です。

一方、紙も絶縁体に属し、表面抵抗値は10^{10}～10^{12}Ω／sq. 程度とプラスチックと比較すれば帯電しにくい素材ですが、静電気の減衰は遅く、やはり静電気対策が必要です。静電気対策には、プラスチックや紙自体に静電気防止加工を施す方法として、「面塗工法」、「内添法」、「ラミネート法」の3つの方法があります。

導電性段ボールは、このうち「面塗工法」により、段ボール表面に導電性塗料を塗工したもので、静電気をたまりにくくする効果があり、静電気障害が発生しやすい電子機器等の輸送箱や通い箱、内装材に使用されています。

導電性段ボールの表面抵抗値は通常の段ボールの1000万分の1に相当する10^{3}～10^{5}Ω／sq. 程度まで下がり、これにより、外部からの静電気や摩擦で発生する静電気の蓄積を少なくする「帯電防止性」、発生した静電気を速やかに拡散し、電界中に置かれた場合でも内容品を安全に保護する「導電性」、表面からの紙粉の発生が少なく、かつ静電気によるほこりの吸着を防ぐ「防塵性」の3つの効果が生まれ、静電気の影響から内容品を守ります。

要点BOX
- 導電性塗料を塗工して表面抵抗値を1000万分の1に
- 帯電防止性、導電性、防塵性が付与される

導電性段ボールの効果

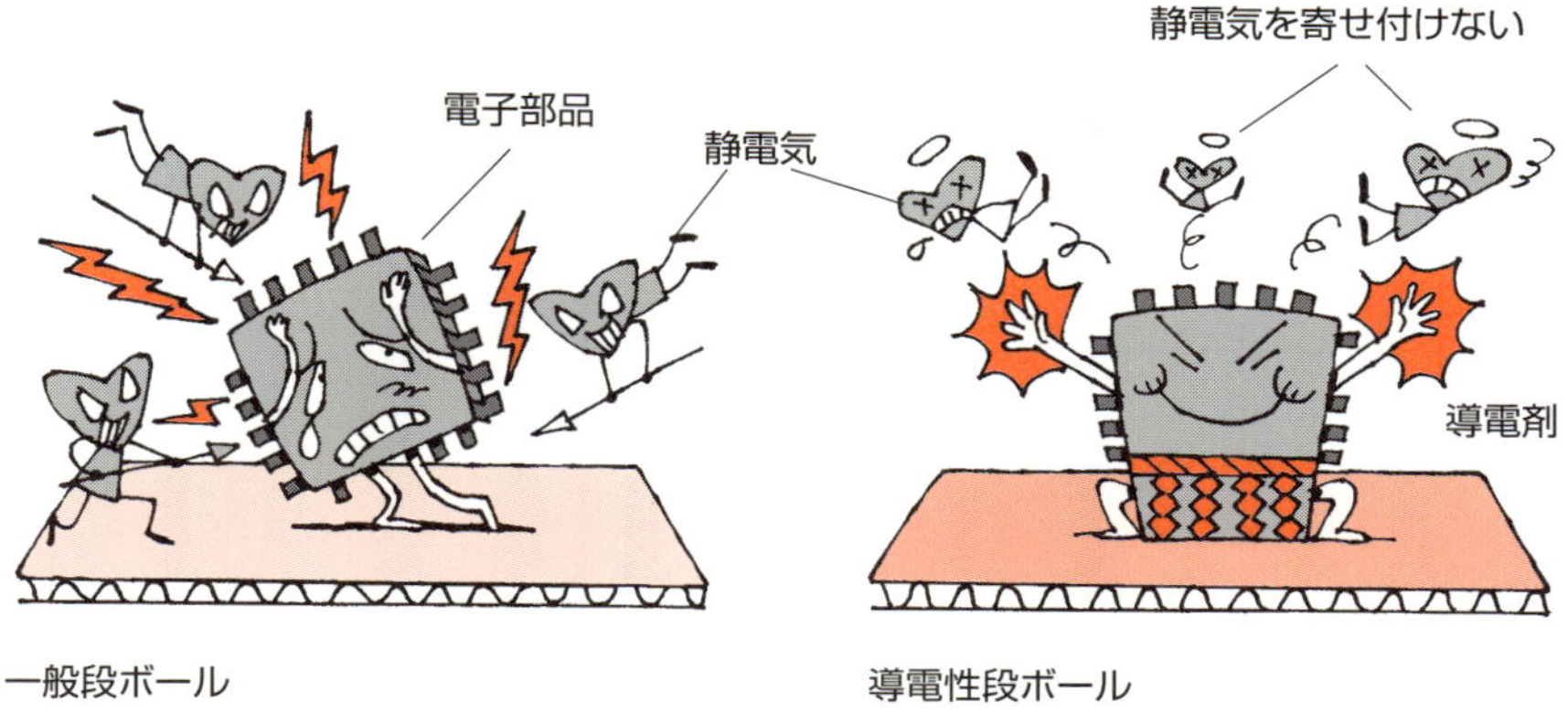

導電性段ボール

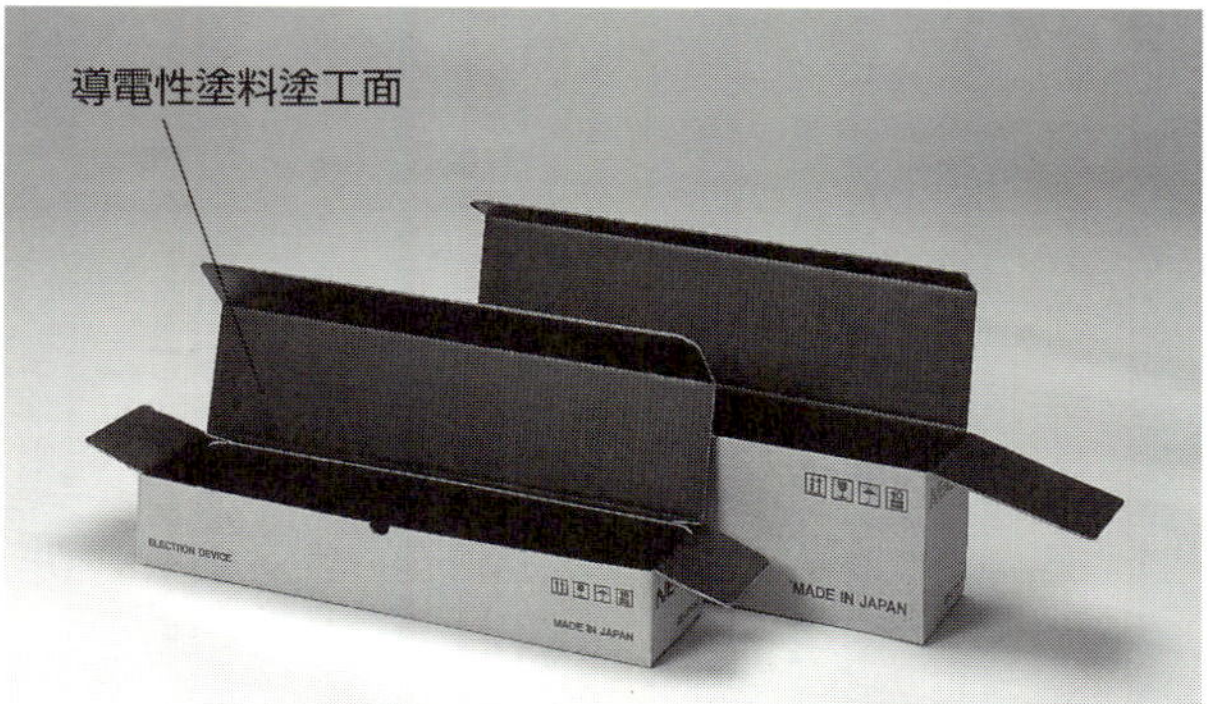

用語解説

表面抵抗：単位面積当たりの抵抗。シート抵抗、表面抵抗率ともいう。単位はΩ／sp.(オームパースクエア)。試料の厚みで変わる値で、塗膜、薄膜等の分野で用いられる。
電界：電圧がかかっている空間。例えば、プラスチック製の下敷きをこすり、頭上にかざすと髪の毛が逆立つ現象は、下敷き周辺に電界が生じるため。電気機器に不具合を引き起こす原因にもなる。

51 燃え広がりにくい段ボール

紙は燃えるのが当たり前ですが、その常識をくつがえす防炎段ボールが開発されています。

地震や集中豪雨等の自然災害発生時、被災地の避難所では段ボール製間仕切りが使用されることがあります。一度に大勢の人々が集まる場所では、火の不始末による火災などの二次災害も懸念されます。そのため消防庁や自治体などから、着火しても燃えにくい段ボール製間仕切りへのニーズが高まっていました。

そのような背景の中、2009年、公益財団法人日本防炎協会が新たに「災害用間仕切り等」の防炎製品認定基準を制定し、その後、基準を満たす燃えにくい防炎段ボールが開発されました。

防炎段ボールは、表面に燃えにくいコート層を持つ白板紙を用い、そこに、防炎薬液を塗工することで防炎性能を発揮します。通常の段ボールは火を近づけた途端に燃え広がりますが、防炎段ボールでは燃え広がらず、火源が離れると短時間で自然に消火する防炎性能を有しています。

表層の白板紙には、オフセットなどの美しい印刷も可能で、加工は通常の段ボールと全く変わらず、使用後は古紙としてリサイクルもできます。また、防炎薬液は日本防炎協会認定取得の人体には無害で安全なものを使用しています。

この防炎段ボールを用いた間仕切りは、災害時の避難所などで被災者の命とプライバシーを守り、安全・安心を与える製品として、全国各地の自治体で採用されています。さらに、展示パネルや建材、オブジェなど、公共の場や多くの人が集まる場所で使用されるため防炎性能が求められるものや、文書保存箱など長期間保管され防炎に対するニーズが高いものにも採用されています。

防炎段ボールは、段ボールの新たな可能性を拓くアイテムとして注目されています。

要点BOX
- ●防炎段ボールは火をつけても燃え広がらず、すぐに自然消火する
- ●通常の段ボールと同様にリサイクルが可能

防炎段ボールの構造断面図

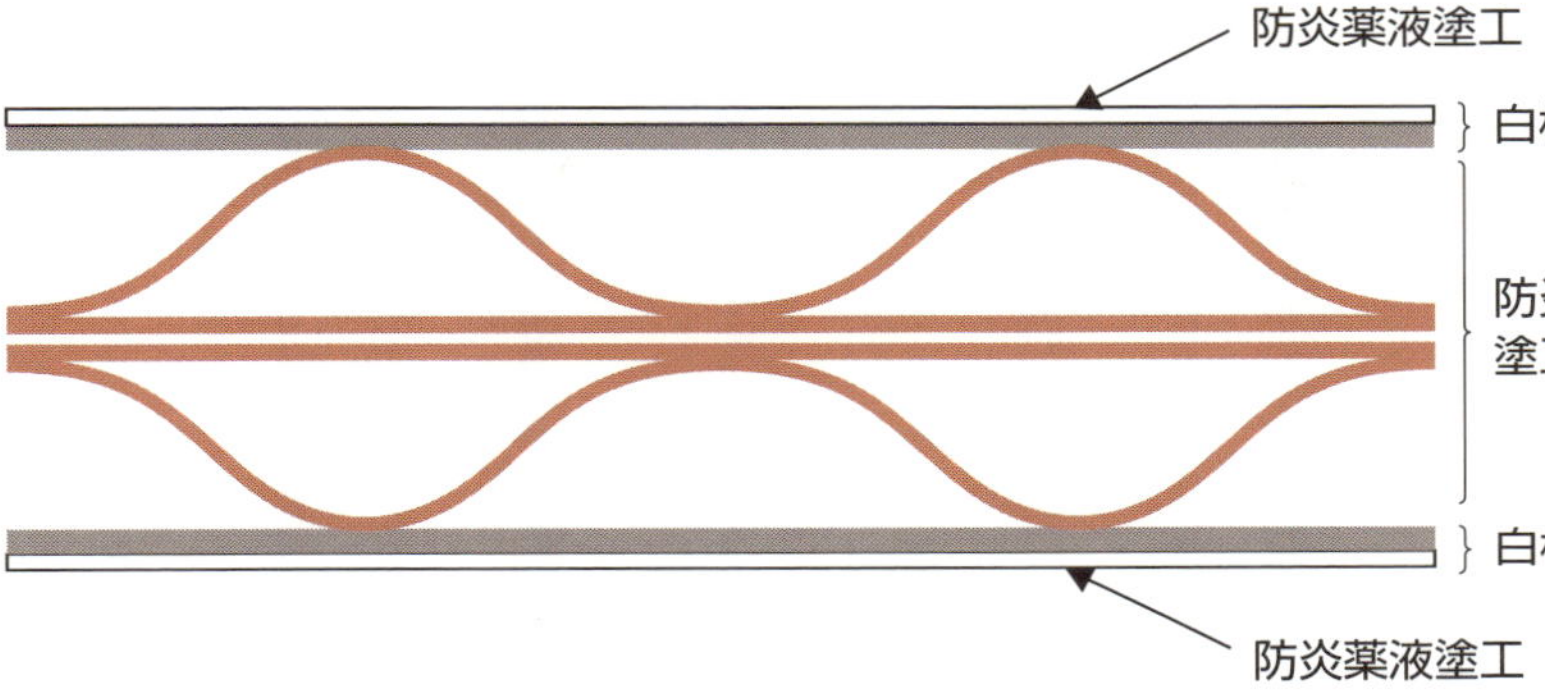

火に近づけて2分が経過したときの様子

一般の段ボール　　　防炎段ボール

Column

都道府県別
段ボールコルゲータ数

段ボール原紙を貼り合わせ、段ボールに加工するには、コルゲータという機械が用いられます。全国に段ボール工場は350以上あり、約380台ものコルゲータが全国に点在しています。

段ボールは間に空気の層がありかさばるため、あまり遠くまで運んでいては割に合いません。おおむね100km圏内が採算の目安といわれます。

また、段ボール箱は、内容品ごとに全てオーダーメイドで製造されるため、ユーザーとのきめ細かい打ち合わせが欠かせません。これだけ全国に工場が点在するのは、そんな理由があるからです。

段ボールは各地域の経済活動と密接につながっています。人々が多く住み、工場も多い大都市周辺にコルゲータが多いのも特徴です。

北海道	東北	関東						
		茨城	栃木	群馬	埼玉	千葉	東京	神奈川
		16	10	7	31	13	3	21
11	23	101						

甲信越			北陸			東海			
山梨	長野	新潟	富山	石川	福井	岐阜	静岡	愛知	三重
4	9	10	7	2	4	13	19	40	3
23			13			75			

近畿						中国	四国	九州	全国
滋賀	京都	大阪	兵庫	奈良	和歌山				
6	8	23	17	6	3				
63						22	15	31	377

※2015年度データ

出典：板紙段ボール新聞　2016年3月17日付録

第6章

さまざまな場面で活躍する段ボール

52 段ボールは優れたセールスマン

メディアとしての段ボール

店頭での購買促進のため、商品の陳列・販売にはさまざまな工夫がなされています。商品は段ボール箱に入れたまま陳列されることも多く、大きな印刷面を持つ段ボール箱は、広告メディアとしての機能も持っています。

多くの商品がひしめき合う店頭では、来店客の目を引くことが重要です。段ボール箱のメディアとしての機能を意識してデザインすることで、「商品の魅力を強調した訴求ができる」、「大きなデザイン面で目を引くことができる」、「業務用商品や通販など店頭以外の場面でも、企業ブランドや商品のアピールに活用できる」という効果があります。

特に、青果物は店頭で段ボール箱ごと並べられることが多く、季節を感じる旬のものが産地直送で店頭に届いたという「暗黙のシグナル」として活用されています。産地がひと目で分かり、ブランド野菜としてもアピールできるなど、優れたセールスマンとしての役割を担っています。こうした演出や訴求効果を高めるため、通常のフレキソ印刷よりも美粧性の高い印刷方法が用いられることもあります。

高線数フレキソ・プレプリントは、ライナに直接精密な版でフレキソ印刷する方法です。印刷精度が高く微細な表現が可能で、缶ビールや清涼飲料などに多く使われ、清涼感、シズル感のあるデザインとなり店頭でよく目立ちます。

オフセット枚葉合紙《まいようごうし》は、コートボールなど定尺の白板紙にオフセット印刷し、片面段ボールと貼合する方法です。段ボール色ではなく、白色度の高い紙に多色印刷するので、一般的な印刷物のような美粧表現が可能で、ギフト箱などに多く使われています。

「オフ段」は、オフセット印刷段ボールの略で、白板紙ではなく段ボール原紙にオフセット印刷するため、より低コストで微細な印刷表現が可能です。独特な風合いのある仕上がりが特長です。

要点BOX

- ●大きな印刷面で店頭での訴求媒体として活用
- ●さまざまな美粧印刷技術を使って訴求力の高いデザインを表現している

商品をアピールする段ボールの例

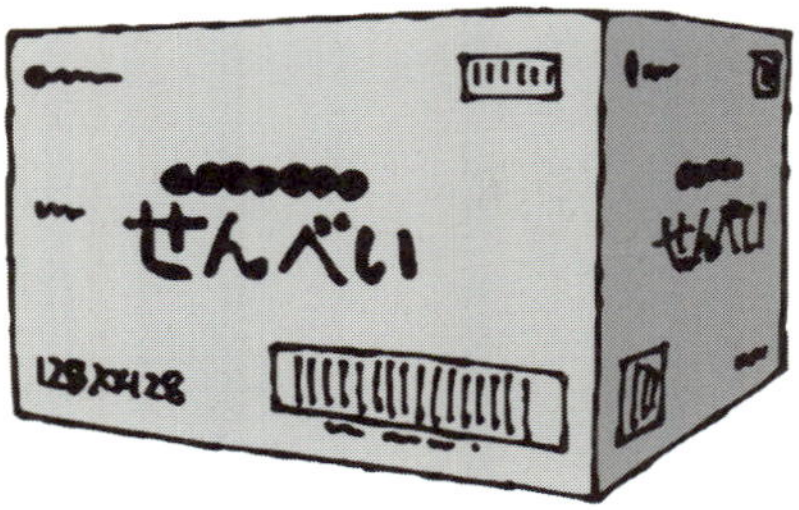

輸送包装として品名・品番のみ
表示された段ボール

メディアとして商品の特徴を強調して
デザインした段ボール

美粧段ボールの例

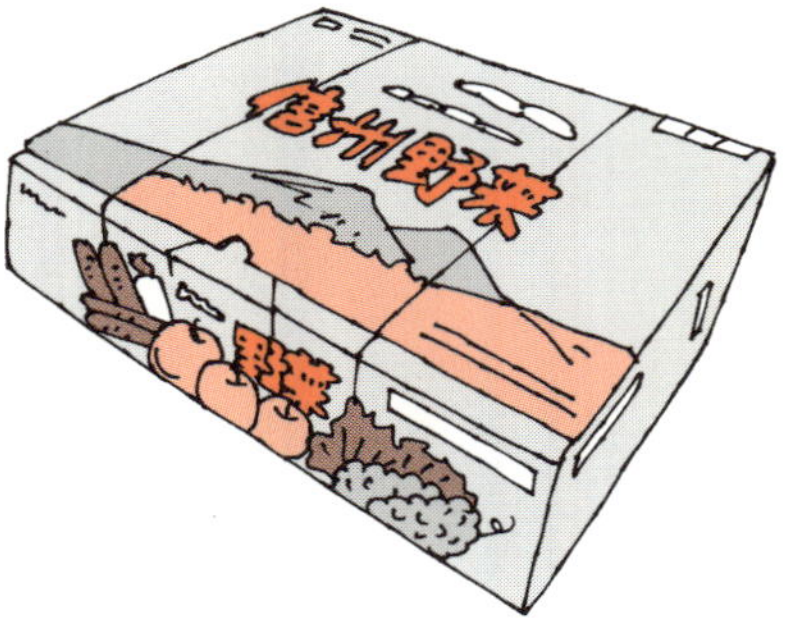

53 店頭販促にも効果を発揮

セールスプロモーションツール

段ボールは、箱となって商品を保護しつつ店舗に届けるというだけではなく、スーパーマーケットやドラッグストアなどの店頭で、段ボール製ディスプレイとなってセールスプロモーションツールとしても使われています。

新商品やセールなどの際、店舗に備え付けの陳列棚以外で商品を販売することがよくあります。段ボール製ディスプレイは、それ自身によって特別な売り場を演出するとともに、商品情報やブランドメッセージを伝え、消費者の購買意欲を高めるといった店頭課題を解決する手段のひとつとして大きな効果を発揮します。

段ボール製ディスプレイが店頭でよく使われる理由は大きく3つ挙げられます。

まず、「作りやすい」ということ。金属や樹脂のディスプレイに比べて安価で、しかも短納期での製作が可能なため、短期的な売上効果を狙ったセールスプロモーションに最適です。

次に、「使いやすい」ということ。軽量なのに強度がある段ボールの特性を活かし、重い商品の陳列も可能で、組立ても簡単です。さらには、使用後の分別や廃棄も容易なため、環境面を考慮して採用する企業も増えています。

そして、「伝えやすい」ということ。金属や樹脂に比べて加工の自由度が高く、デザイン性に優れたインパクトのあるPOP広告として効果的です。より高精度に印刷された紙を段ボールに貼り合わせて美粧性を高めることも可能です。

店舗の床に設置するフロアディスプレイ、ゴンドラの側面や隙間などに吊り下げるハンガーディスプレイ、レジ横などの小スペースを有効活用するカウンターディスプレイなどの種類があり、商品特性や売場に合わせたセールスプロモーションツールとして店頭での販売促進をお手伝いしています。

要点BOX
- 主な種類は、フロア、ハンガー、カウンター
- 商品を「売る」ためのツールとして使われる

店頭販促をサポートする段ボール製ディスプレイ

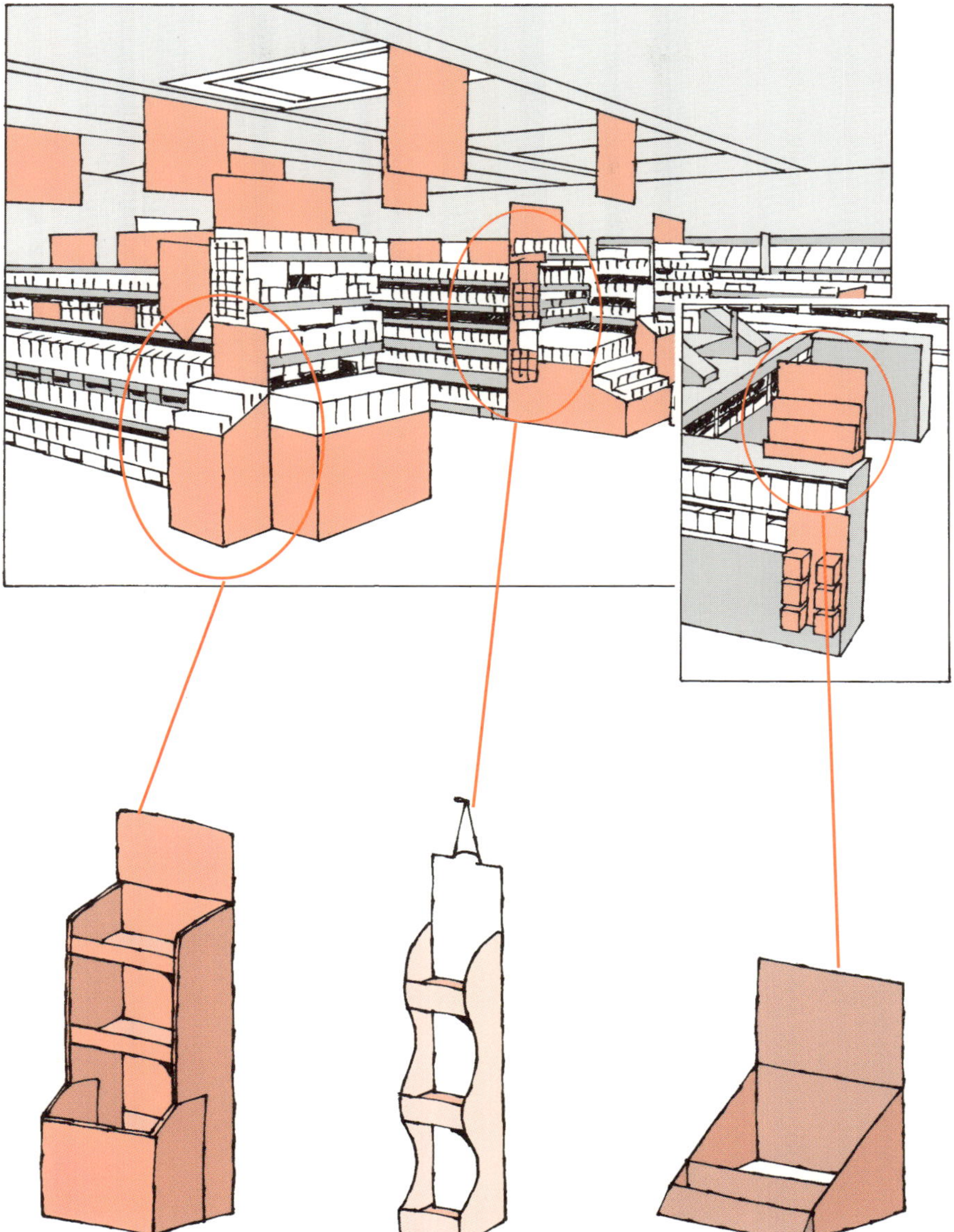

フロアディスプレイ　　ハンガーディスプレイ　　カウンターディスプレイ

54 軽くて断熱性にも優れている

段ボール空調ダクト

ビルや大型商業施設、工場、倉庫などの換気や空調に使用されている空調ダクトは、現在そのほとんどが亜鉛メッキ鋼板でできています。しかし、重く、高所で行うダクトのつり込み作業における効率や安全性が低いほか、断熱性が悪いため結露しやすく、グラスウールの巻きつけによる保温工事が別途必要になるなどの課題があります。そこで開発されたのが段ボール空調ダクトです。

段ボールは波状に成形した中しんをライナでサンドイッチした独特の多層構造が空気層となり、断熱性が高いのが特長で、厚さ8㎜の複両面段ボール（BAフルート）を用いて空調ダクトに加工した場合、通常の使用環境であれば結露も発生せず、グラスウールによる保温工事が不要となります。

また、段ボール空調ダクトの重量は鋼板ダクトの5分の1と非常に軽量です。鋼板ダクトでは通常2mほどの短いダクトを2人で持ち上げ、つり込み、連結作業を行いますが、段ボール空調ダクトの場合、あらかじめ4～6mに連結してつり込むことが可能です。

段ボールを建材として使用するには、火災時の延焼を防ぐため、建築基準法に定められた不燃材料として認定を受けねばなりません。段ボールだけでは燃えやすいので、他の材料と複合化するなどの工夫が必要です。例えば、栗本鐵工所、大成建設、レンゴーの3社が共同開発した段ボール空調ダクトでは、複両面段ボールの表裏両面に厚さ約20μm（ミクロン）のアルミニウム箔を貼り合わせることで国が定める不燃試験に合格しています。

作業性が良いだけではなく、段ボール空調ダクトは平板状態で輸送し建設現場で組み立てるため、四角い筒状に仕上げて輸送する鋼板ダクトに比べて輸送効率も4～10倍高く、今後さらに使用が広がることが期待されています。

要点BOX
- ●軽量性と断熱性を生かし、空調ダクトに利用
- ●アルミニウム箔との複合で不燃化

段ボール空調ダクトの材料構成

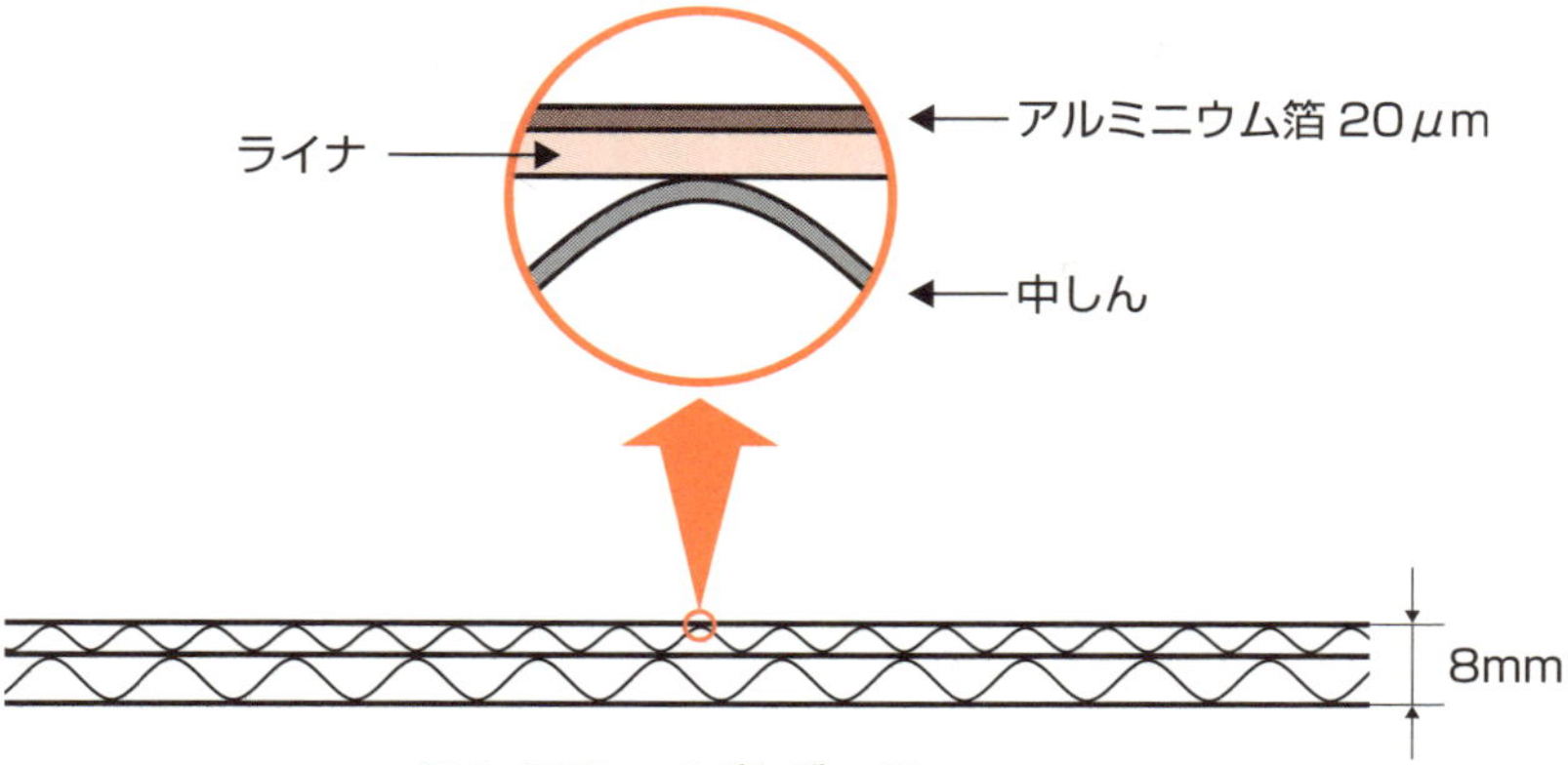

BA フルート段ボール

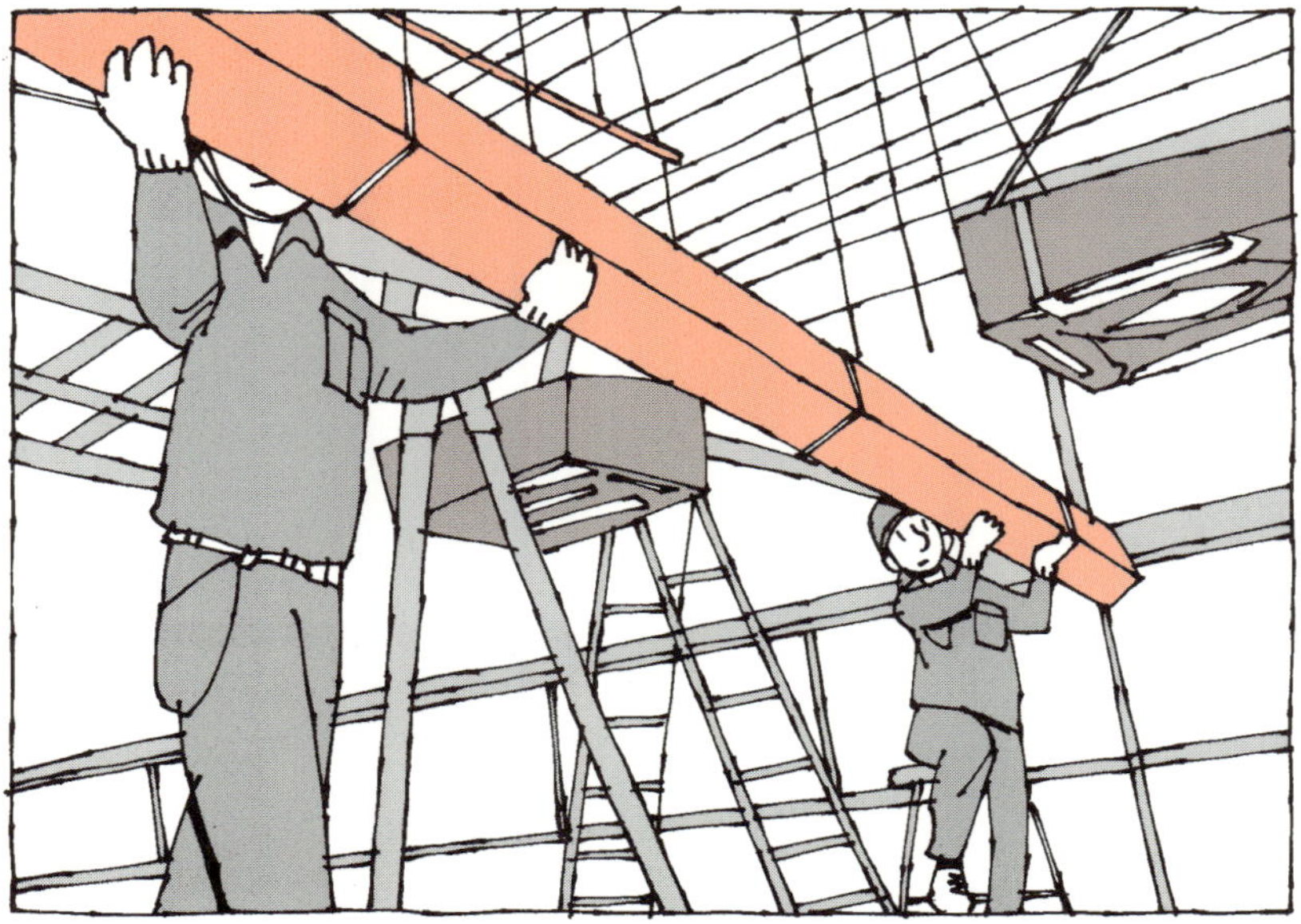

軽量な段ボール空調ダクトは連結した状態で
2人で軽々と持ち上げてつり込むことができる

55 温かみと優しさが人気

軽くて丈夫、組立ても容易な段ボールは、家具などのインテリア用品にも活用されています。

今から50年ほど前、プロダクトデザイナーの渡辺力氏が考案した「リキスツール」は、段ボールのみでできたスツールです。耐荷重が600kg以上と、大人1人が座るのに充分すぎるほどの強度があります。

また、紙ならではの自由な造形による美しさを兼ね備え、それまで包装資材ととらえられていた段ボールが、毎日の生活で目にする家具にもふさわしいと認められるきっかけになりました。

「加工しやすい」「折りたためる」「リサイクル可能」といった性質は、木材や樹脂、金属などとは異なる段ボールの特長で、それらを活かして、収納用品や子供用の家具・遊具などへの活用が進んでいます。

書類や小物を収納するのに使う段ボール製のボックスは、デザインが豊富でインテリアに合わせやすく、また不要になれば折りたたんで一時保管したり、古紙としてリサイクルすることもできるので、持ち物の増減や住宅事情の変化に対応させやすいという長所があります。

また子供用家具・遊具は、成長に合わせて数年間だけ使いたいという要望に合致するとともに、ぶつかってもケガの心配が少なく、さらにはクレヨンやマーカーで絵を描いたり、シールを貼ったりすることもできるため、創造力を養えるということでも注目されています。

近年ではペット用品への活用も進んでおり、部屋の中で使う犬猫用のベッドや運動用のタワーなどに段ボールが用いられています。ペットの体重を支えるのに充分な強度と、適度な通気性や保温性があるのでペットも心地よく過ごせるのでしょう。

段ボールの持つ温かみや、環境にも優しいなど数々の利点が、段ボール製家具・遊具の人気の理由です。

要点BOX
- ●段ボールは家具に適した物性を備えている
- ●住宅事情の変化や子供の成長に合わせやすい

さまざまな段ボール製家具

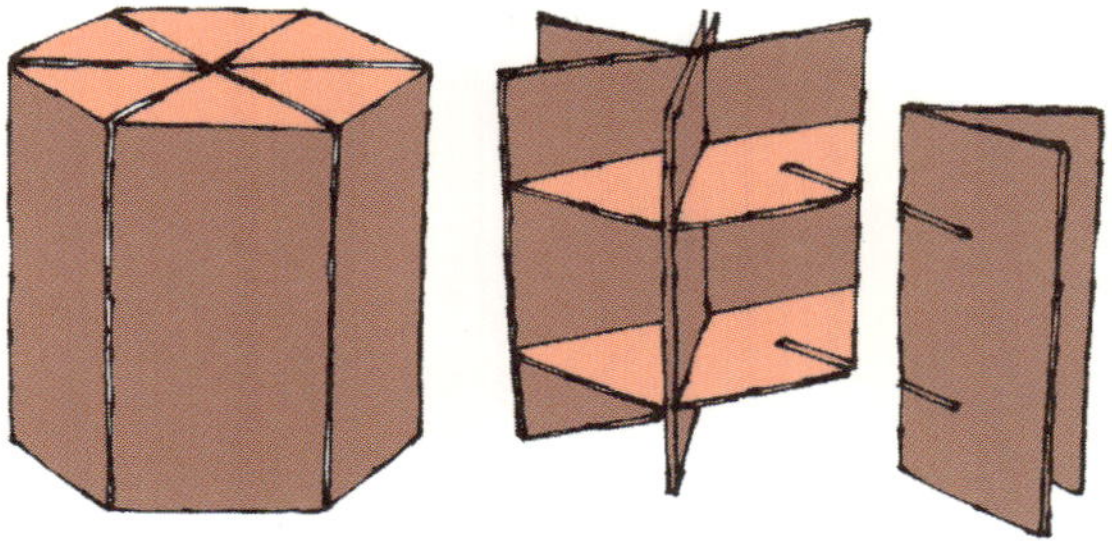

リキスツール

外観（左）とその構造（右）
縦パーツのV字の折り目を中央に集め、水平のパーツでしっかりと固定することにより、座面に圧がかかっても折れにくく、高い強度を発揮する。

ペット用品

段ボールはキャットタワーや犬猫用のベッドの素材にも向いており、ペットの室内飼いの増加にともない、さまざまなペット用品に展開されている。

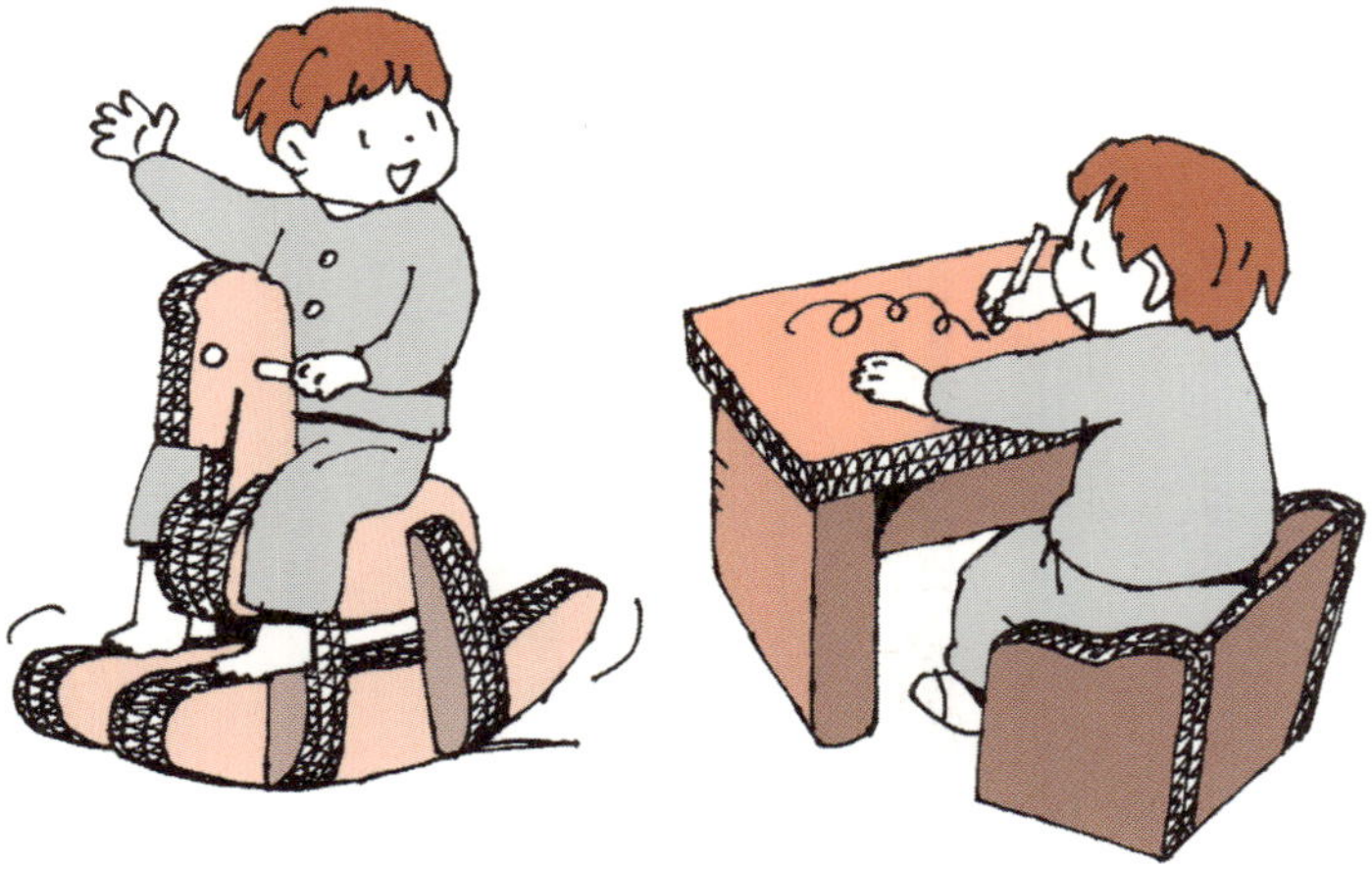

子供用の家具・遊具の例

丈夫で表面のあたりが軟らかく、安心して使用できる。好きな絵を描いて自分だけのオリジナル品を作るという楽しみ方もある。

56 機関車やピアノやロボットにも

芸術作品

段ボールといえば、物を包み、運ぶための薄茶色の包装材というイメージが強くあります。しかし、入手が簡単で加工もしやすく、とても丈夫で彩色も可能、そして何よりも温もりあふれる素材の質感に多くのアーティストが魅了され、段ボールアートとしてさまざまな作品が生み出されています。

段ボールは紙でできているため、鉄や木材などの固くて特別な用具がなければ加工できない素材とは異なり、切ったり貼ったり、組み立てることも容易で、誰でも自由なイメージで造形することが可能です。何層にも重ねることで出る独特の立体感や段ボールの切り口の柔らかい手触り、彩色した後の風合い、破った時に現れる段ボールの段目など、これらは段ボールにしか表現できないものです。

表現の方法に正解はなく、思い思いにさまざまな形態の作品が生まれています。なかには、段ボールのイメージを変える、あっと驚くような芸術作品も数多くあり、大きな作品では、段ボールで作られた原寸大の蒸気機関車もあり、その精巧さは今にも動き出しそうな躍動感にあふれています。

段ボールアートは、単なる作品としてだけではなく、「段ボールアートと○○」など、さまざまな表現手段やスポーツとのコラボレーションによる、アートイベントやワークショップとしてもよく見かけられます。

例えば、段ボールでゴールをつくりサッカーを楽しむイベントや、動物園で段ボール製の動物を展示するとともに参加者も作品づくりを楽しむイベント、段ボールで理想の家をつくり自分たちだけの街をつくるイベントなど。そこでは誰もが全員アーティストになってしまいます。

さまざまなアーティストの手で新たな生命を吹き込まれた段ボールアートの作品たちは、包装材としての段ボールとはまた、ひと味もふた味も異なる存在感を放っています。

要点BOX
- ●段ボールは加工がしやすく、様々な形に造形することができる
- ●段ボールにしか出せない独特の風合いがある

芸術作品

島 秀雄「D51蒸気機関車　原寸段ボール模型」　2014年　長崎県南島原市所蔵

日比野 克彦「GRAND PIANO」1984年
熊本市現代美術館所蔵

千光士 義和「動く段ボールアート・ハートイート」
2013年

57 災害時にも人を支える

段ボール製簡易ベッド

2011年3月11日に発生した東日本大震災では、何十万人にもおよぶ方々が、公民館や学校の体育館といった避難場所での生活を余儀なくされました。見ず知らずの人たちが同じ場所で一緒に暮らす避難所生活は、とても大変なことですが、ここでも段ボールが活躍しました。

段ボールは三層構造になっており、ライナと波形の中しんの間には空気の層があります。この空気の層には、衝撃を吸収する緩衝効果や断熱効果があり、避難所の床に段ボールを敷くことで、床からの冷えを遮断するとともにクッションとしての役割も果たし、避難所の生活環境を大きく改善することができます。また、間仕切りに使えばプライバシーの保護にもなります。

東日本大震災を契機として、その有用性が注目されたのが段ボール製簡易ベッドです。これは通常の段ボール箱を組み合わせただけのシンプルな構造で、誰にでも簡単に組み立てることができ、雑魚寝状態を改善することで避難所生活での歩行機能低下、エコノミークラス症候群、不眠、腰痛、呼吸機能悪化、心身ストレス等を抑制します。

段ボール製簡易ベッドは、製造仕様書さえあれば全国どこの段ボール工場でも素早く大量に製造することが可能です。東日本大震災以降、地方自治体では、地震や水害などの大規模自然災害の発生時、避難所で使用する床敷きや間仕切り用の段ボールシートや段ボール製簡易ベッドの供給を確保するために、防災協定を締結するところも多く、段ボールの業界団体や各メーカーも、新たな社会貢献のかたちとして積極的に取り組んでいます。

2016年4月の熊本地震の際も、避難所に多くの段ボール製簡易ベッドや間仕切りが提供され、救援物資の輸送だけでなく、避難所生活の安全・安心の面でも段ボールが役立ちました。

要点BOX
- ●保温性にも優れていることから避難所でも利用
- ●避難所での健康被害の予防に一役買っている

段ボール製簡易ベッド

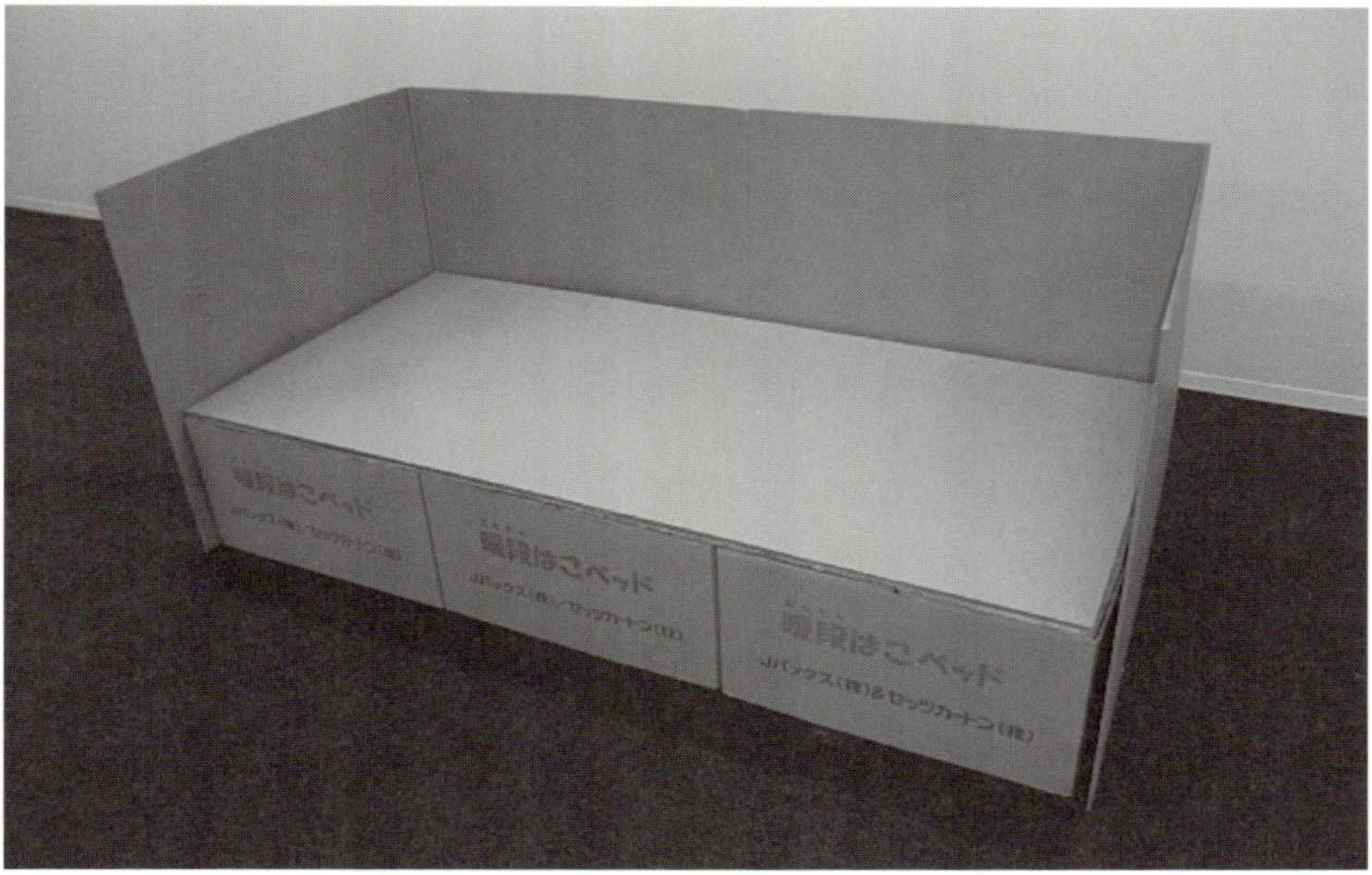

段ボール製簡易ベッドを使用した避難訓練の様子

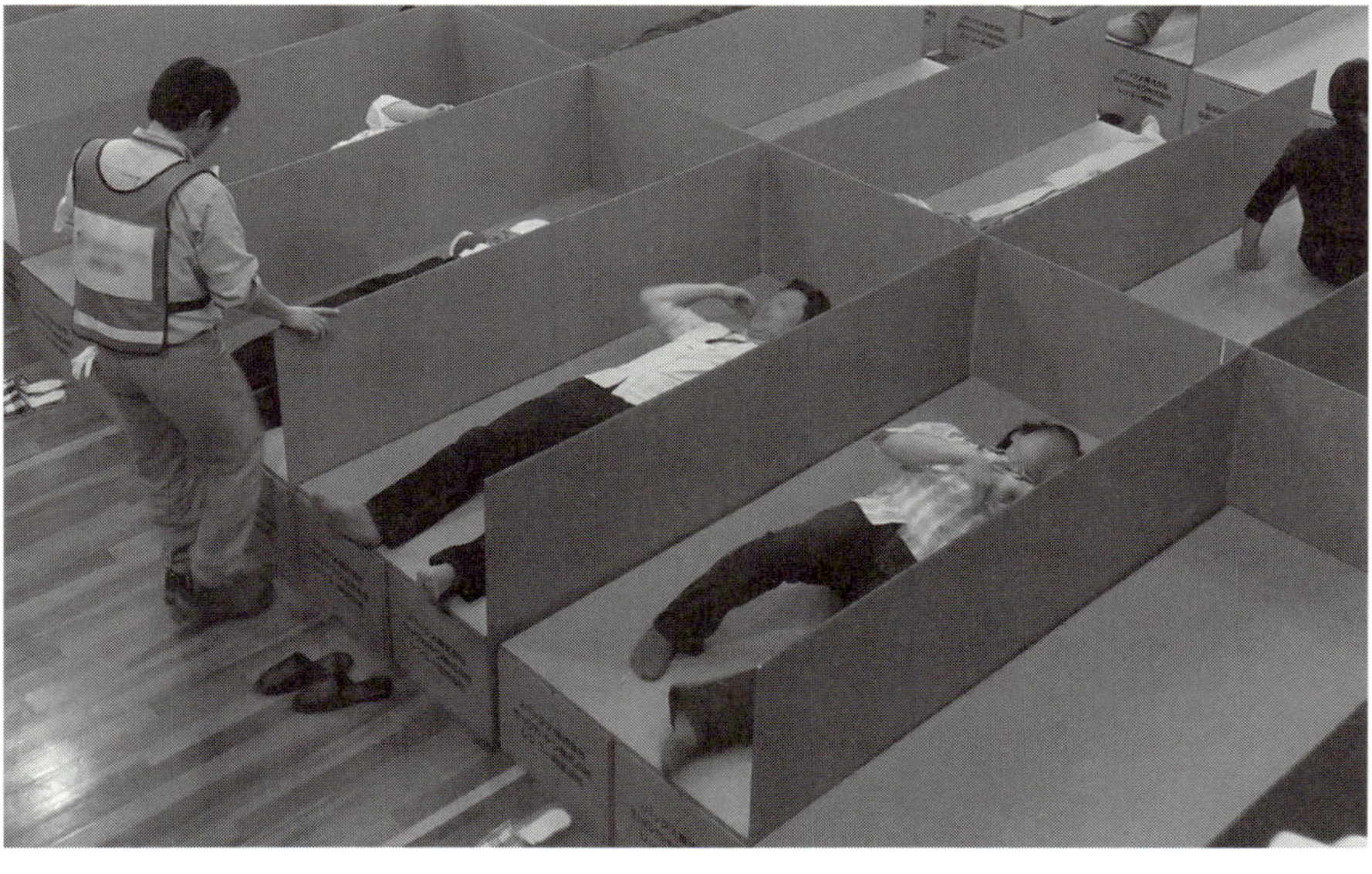

58 包装自動化には欠かせない

段ボールの包装機械

商品を段ボール箱に詰めて出荷するためには、段ボール箱の組立て、箱詰め、封かんを行う包装ラインが必要不可欠です。そこでは包装品質や作業効率の向上、高速化の観点から、包装機械が多く使われています。機械化することで一定の包装品質が維持でき、人手不足の解消にもつながります。

包装機械は包装材である段ボール箱との適合性が重要です。箱の形式、寸法だけではなく、紙質やけい線の入れ方も大きく関係するため、段ボール箱と一体で包装機械の仕様が検討されます。

製かん機は、段ボール箱を組み立てる機械です。代表的なものは0201形の箱の底面フラップを粘着テープでI字貼りしたり、ホットメルトを塗布するものが主流です。ほかにも0301形のようなトレイの形態では、食品ギフト箱の身箱・ふた箱、青果物の店頭陳列箱等で製かん機が使用されています。速度に応じて機種のバリエーションがあり、国内では1秒に1箱という高速製かん機があります。

封かん機は、箱詰めされた箱のふたを閉める機械で、0201形の箱の天面フラップを製かん機と同様に粘着テープでI字貼りしたり、ホットメルトを塗布したりする機械が主流で、こちらも速度に応じたバリエーションがあります。

段ボールケーサは、段ボール箱に内容品を自動的に箱詰めする機械です。段ボールの仕様、内容品、能力に合わせてオーダーメイドで生産されます。代表的なものがセットアップケーサとラップアラウンドケーサで、セットアップケーサは「製かん部」「内容品の集積・箱詰め部」「封かん部」で構成された0201形の箱向けの機械で、主に雑貨品や食品の包装ラインで使用されています。ラップアラウンドケーサは、内容品を段ボールでくるむように箱詰めする機械で、缶ビールやジュースなどの飲料缶の包装ラインでよく使用されています。

要点BOX
- ●包装ラインの自動化で包装品質を維持
- ●ケーサには、セットアップケーサとラップアラウンドケーサがある

製かん機の工程図

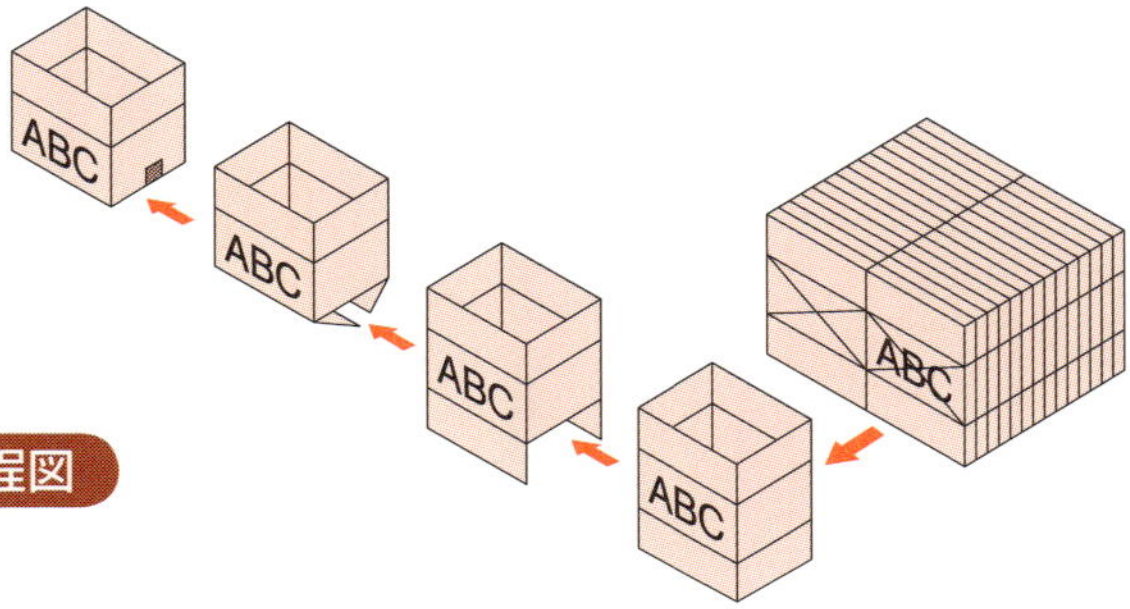

セットアップケーサの工程図

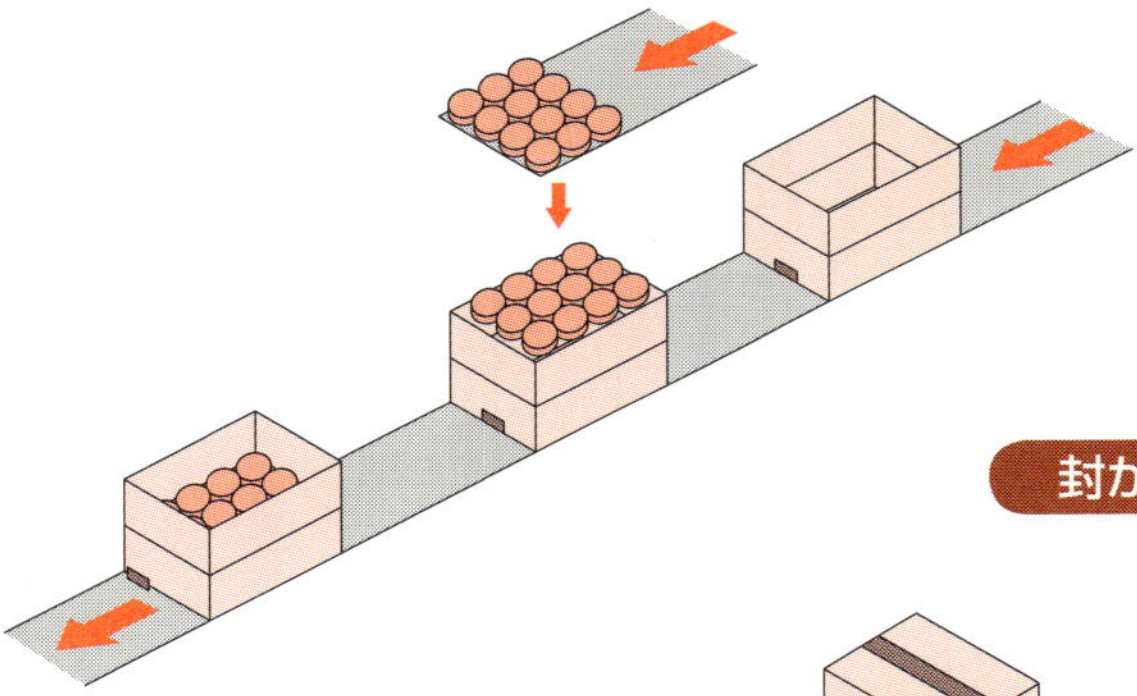

封かん機の工程図

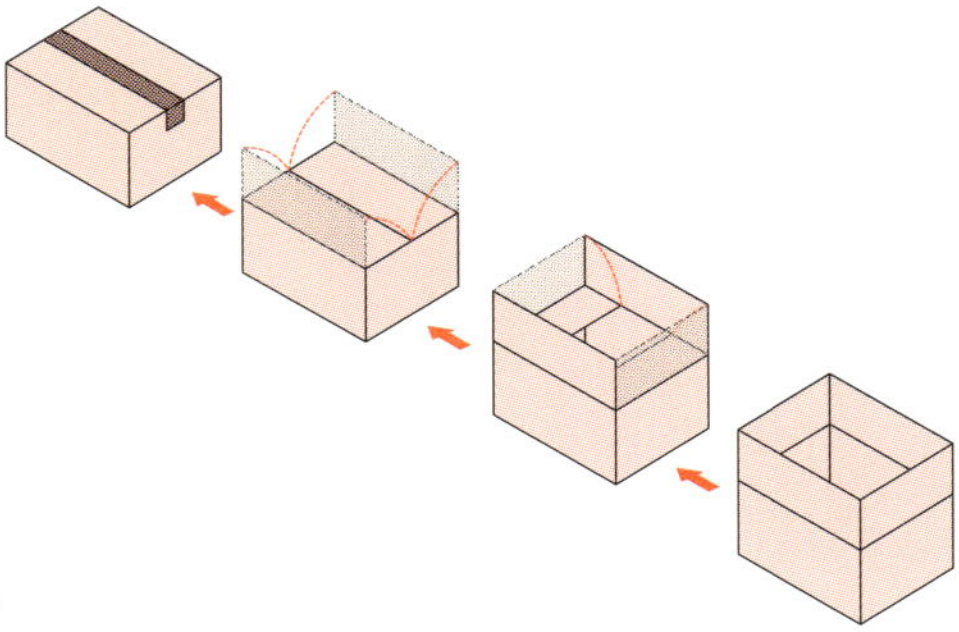

ラップアラウンドケーサの工程図

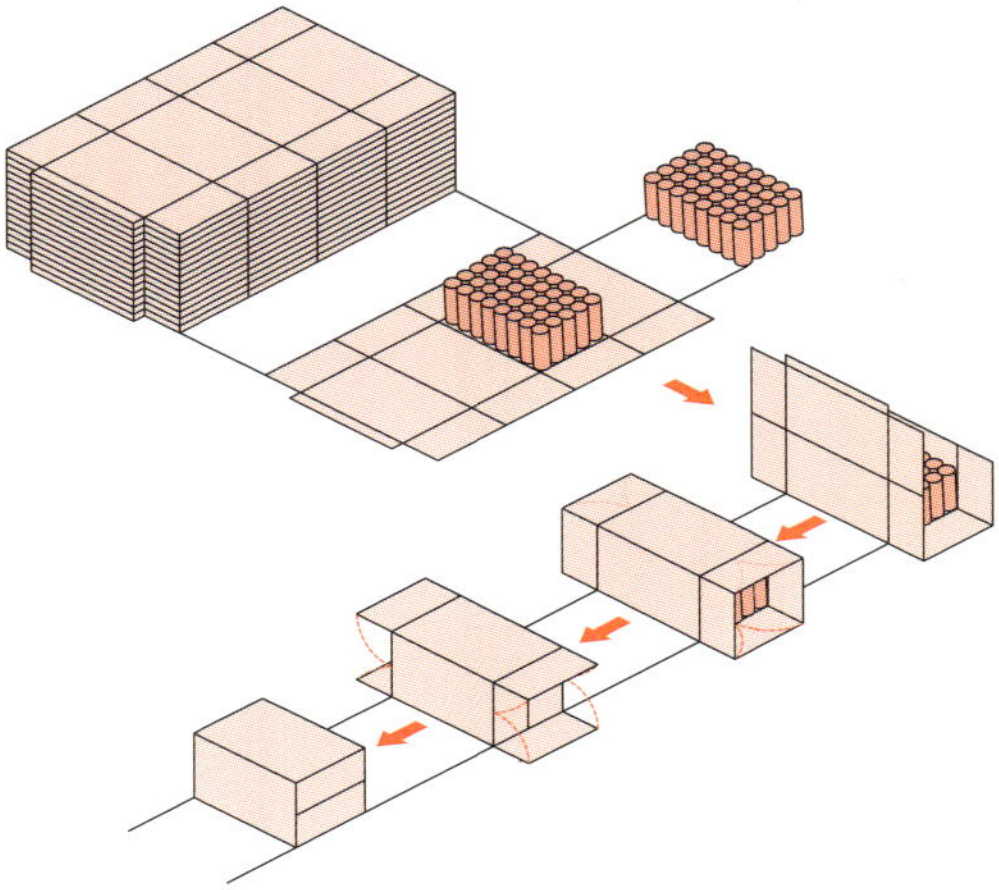

59 通販や宅配で大活躍

新しい包装機械システム

　パソコンやスマートフォンを通じて買い物をするネット通販の取引量が近年ますます増加しており、これを背景として、通販、宅配業界を中心に、段ボール箱の寸法可変システム包装機械が注目されています。

　ネット通販では、受注した商品を段ボール箱などに包装した後、直接発注者のところへ発送するため店舗を持たなくてもよく、買う側もわざわざ店舗へ行く手間や時間が省けます。ネット通販はとても便利ですが、その包装には多くの課題がありました。皆さんも、小さな商品が大きな箱にたくさんの詰め物と共に届いた経験があるのではないでしょうか。

　いつ、どの商品が何個注文されるかは正確な予測がつかないため、日頃から発送用に様々な寸法の段ボール箱、緩衝材、固定材等を在庫しておかなくてはならず、管理が煩雑になり、手間や保管スペースも要します。

　そこで開発されたのが、段ボール箱の寸法可変システム包装機械で、発注されたさまざまな商品のサイズや数量に合う箱を自動で作製し、かつ高速で包装します。在庫する段ボール箱の種類が必要最小限に集約でき、包装資材管理の手間とスペースも省けてとても効率的です。

　サプライチェーン全体でも、「限りある宅配トラックの荷台スペースをより有効に使うことができる」、「箱の空間に詰めていた余分な固定材が不要になる」「段ボール箱のサイズダウンにより宅配コストが削減できる」などのメリットが生まれます。

　さらに、伸縮フィルムなどで商品を固定すれば、よりコンパクトな包装となり、開封後処理に手間がかかる箱の中の緩衝材、固定材も不要となります。

　これまで通販などの物流センターでは、包装工程はほとんどが人手に頼っていましたが、段ボール箱の寸法可変システム包装機械の開発により、全て自動化され、作業効率が飛躍的に向上しました。

要点BOX
- 内容品の寸法に応じた箱を瞬時に組み立て包装
- 売る側・買う側の双方にメリットがある新しい包装のあり方

寸法可変システム包装機の工程図

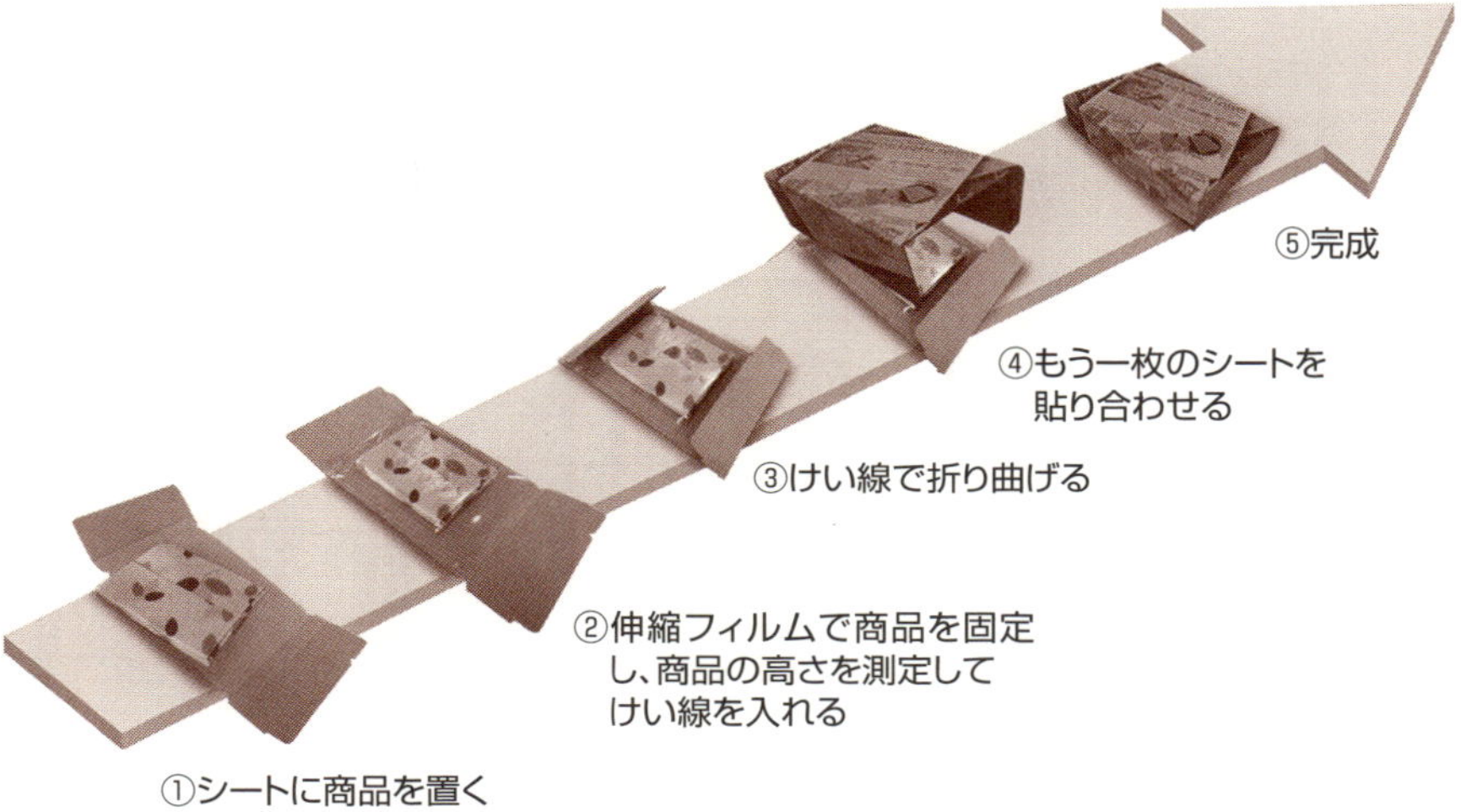

①シートに商品を置く
②伸縮フィルムで商品を固定し、商品の高さを測定してけい線を入れる
③けい線で折り曲げる
④もう一枚のシートを貼り合わせる
⑤完成

効率化と環境配慮への工夫

①使用するのは2種類の段ボールとフィルムだけ

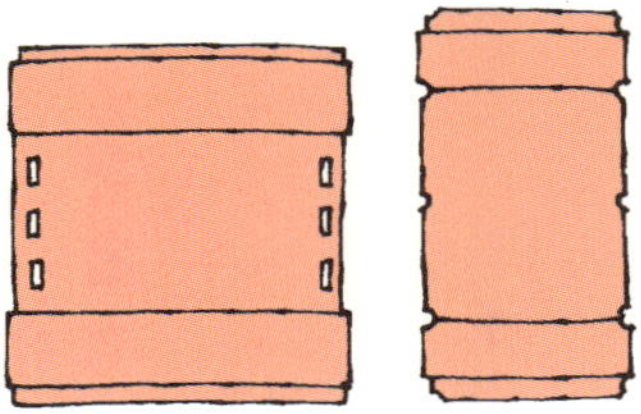

②内容物に合わせて高さを変える

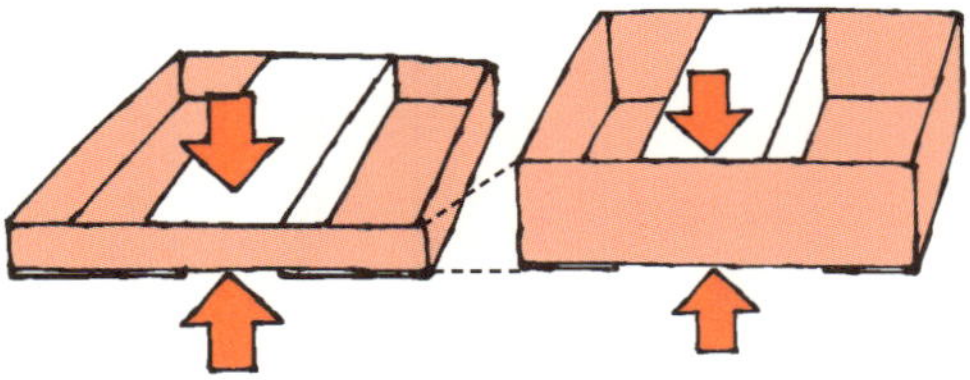

③開封しやすく再封かんできる

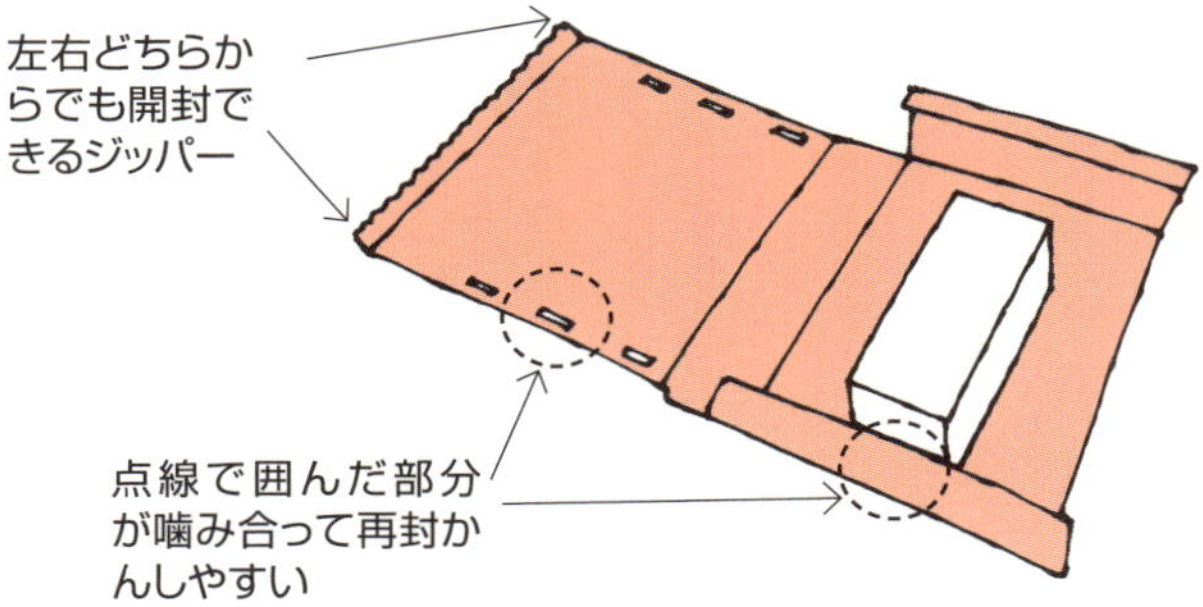

左右どちらからでも開封できるジッパー
点線で囲んだ部分が噛み合って再封かんしやすい

美味しい桃を届けたい「岡山白桃輸出大作戦!」

　日本の桃はとても美味しいと海外でも高く評価されています。しかし、桃は常温ではすぐに過熟になり、長期間冷蔵すると果肉が褐変しやすいことから、桃の輸出は空輸が一般的です。そのため輸送量が限られ、どうしても輸送コストが高くなってしまいます。そのような中、品種によっては0℃で保管すると褐変しないことが岡山大学農学部で発見され、この性質を利用して輸送コストの安い船便による香港への輸出に関する研究(※)が開始されました。

　桃を包む段ボール箱も重要な研究対象の一つとして、次の2つの課題に取り組むこととなりました。1つ目は、香港までの輸送日数が船便では空輸の6~9倍かかることから、桃の水分率の減少を極力抑えること。2つ目は、海上コンテナ内を0℃に設定すると相対湿度が90~100%になり、段ボール箱の含水率が通常約7%のところ、17~19%と高くなるため、箱の強度劣化によるつぶれを防ぐことでした。

　これらの対策としては、47で取り上げた防湿段ボール箱が有効であると考えられ、実際に船便による輸出試験が行われました。その結果、桃の水分率については、空輸の場合と比較して、通常の段ボール箱では2・6倍の水分が減少しましたが、防湿段ボール箱では1・6倍に抑えることができました。また、果肉の硬度も空輸と同程度に維持でき、糖度は輸送中に適度に熟して空輸よりも高い状態で香港に到着しました。

　段ボール箱のつぶれについては、通常の段ボール箱では圧縮に影響をおよぼす含水率が18%まで上昇し、実際に箱はつぶれた状態で到着しましたが、防湿段ボール箱では14%までしか上昇せず、箱もつぶれませんでした。これは、通常の段ボール箱ではコンテナ内の水分と桃からの蒸散水分の両方が箱に吸収されますが、防湿段ボール箱では桃の蒸散水分の方は箱に吸収されず、箱の内部に保持されたためと考えられます。

　香港では日本産の桃は非常に高級な果物です。今回の研究が実用化され価格が下がれば、香港はもとより、さらに多くの国々への輸出の道も開かれることでしょう。日本産の美味しい桃をもっと多くの人へ。段ボールは、わが国の農業振興にも一役買っています。

※この研究は、農研機構生物系特定産業技術研究支援センター「攻めの農林水産業の実現に向けた革新的技術緊急展開事業」により実施されました。

第7章

人にも環境にも優しい段ボール

60 リサイクルの優等生

段ボールの原料は段ボール

日本の紙のリサイクルの歴史は古く、平安時代には、「古紙の抄き返し」という使用済みの紙のリサイクルが行われていたとされています。現在、段ボールは、紙の中でも特にリサイクルシステムが確立しており、国内で段ボール原紙が生産され始めて間もない昭和初期には、リサイクルシステムの基礎が築かれたといわれています。

使用済みの段ボールは古紙回収業者によって市場や工場から回収され、しっかりと選別した上で圧縮され、製紙工場に有価物の原料として運び込まれます。運び込まれた段ボール古紙は製紙工場で再び新たな段ボール原紙に生まれ変わります。

段ボール古紙は簡単に水で繊維状に離解される一方、異物の混入やリサイクルによる紙力の低下など品質上の問題も生じます。製紙工場ではこれらの問題を長年にわたって一つひとつ解決し、異物除去や紙力増強剤などの古紙利用技術として蓄積した結果、段ボール原紙をはじめとする板紙の古紙利用率は、現在94%を超えています。製紙工場ではさらなる古紙利用の拡大を図るため、機密書類など未利用古紙の処理設備を導入するなど、新たな古紙利用技術の開発を進めています。

また、段ボール製品の開発においてもリサイクル率向上への努力が続けられています。

例えば、耐水段ボールは従来リサイクルできませんでしたが、現在ではリサイクル可能な耐水段ボールが開発されています。新たな機能を持つ段ボールの開発においては必ずリサイクルできることを大前提としています。

古紙、製紙、段ボールの三位一体による地道な取組みが、日本の優れた段ボールリサイクルシステムを支えており、段ボールの回収率は95%以上にも達しています。まさに段ボールは循環型社会を代表するリサイクルの優等生といえるでしょう。

要点BOX

- 段ボールのリサイクルシステムの基礎は昭和初期に築かれた
- 現在では回収率は95%に達する

昭和初期の回収した古紙を製紙工場に運ぶ馬車

日本国内の段ボールの回収率の推移

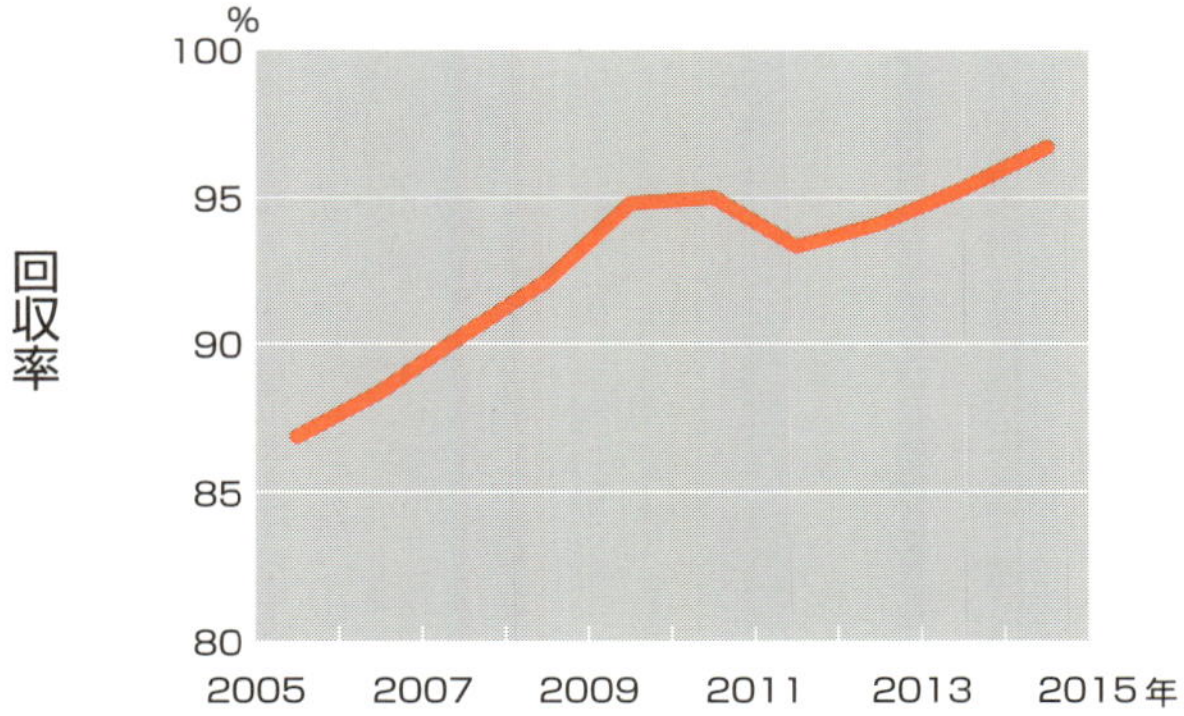

出典:段ボールリサイクル協議会

日本国内の板紙の古紙利用率の推移

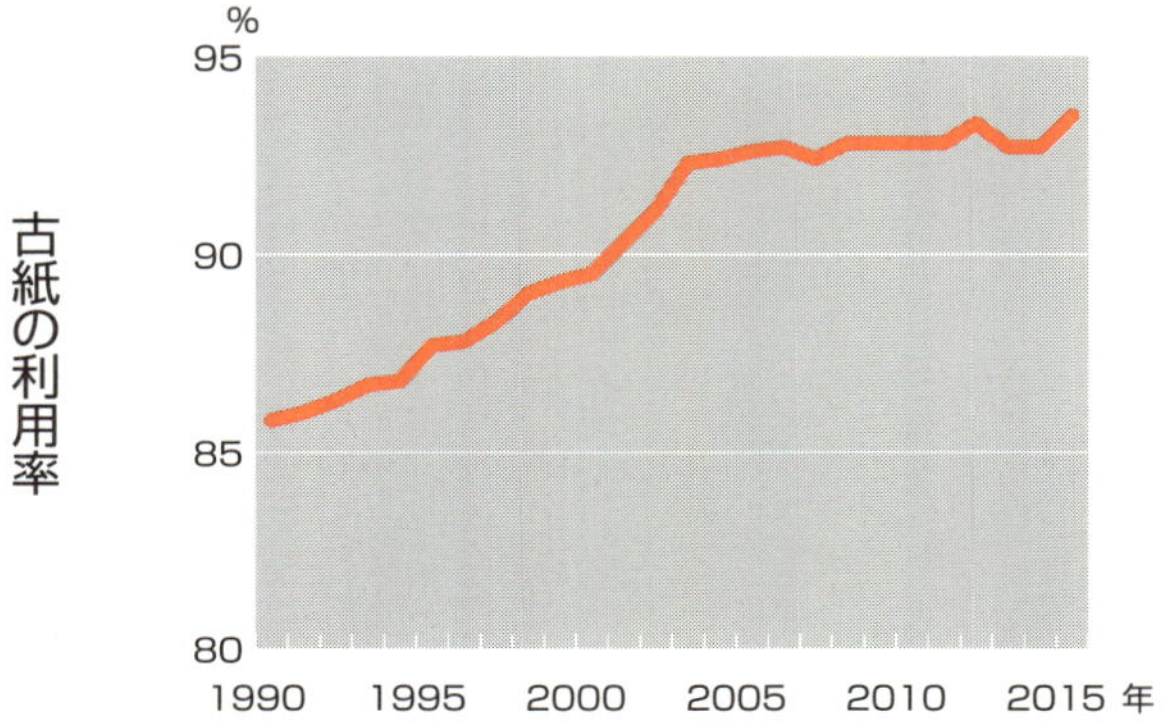

出典:経済産業省ホームページ

61 段ボールリサイクルマーク

世界共通のシンボルマーク

日本では古くより段ボールのリサイクルシステムが確立され、リサイクルが効率的に行われてきました。工場、量販店、小売店などから排出される段ボールは古紙回収業者によって直接回収され、家庭から排出される段ボールは行政回収や集団回収されています。日本の段ボール古紙は分別が行き届いているとして国際的にも評価が高く、さらにこの高い回収率を維持し品質を向上させるため、段ボールには分別を促進するためのリサイクルマークが表示されています。

この段ボールのリサイクルマークは、日本が国際段ボール協会（ICCA）に提案したもので、世界共通のリサイクルシンボルであり「その段ボールがリサイクル可能である」ことを示しています。

大切な商品を安全に保護し運ぶために利用される段ボール箱は、その役目を終えたのち、再び段ボールの主原料として何度もリサイクルされますが、段ボール箱にリサイクルマークを表示することにより、「消費者が分別しやすくなる」、「市町村の分別回収が促進される」、「異物の混入が避けられ古紙の品質が向上する」などの効果が期待できます。

段ボールにとって古紙の品質はとても重要で、古紙の高い品質の維持には、回収に出す際の正しい分別が欠かせません。「禁忌品」と呼ばれる、製紙原料にならない異物や、混入によってトラブルの原因となるものは、あらかじめ取り除いて回収に出す必要があります。例えば、宅配便の送り状やレシートなどがこれに当たります。また、石鹸や線香などの匂いがついた古紙は、わずかな混入でもリサイクル後の段ボール原紙にも匂いが残ってしまいます。

リサイクルの過程で選別除去できなかった異物は、段ボール原紙の品質を低下させます。しっかりと分別し禁忌品を混ぜないことが、古紙の品質を高め、良質な段ボール原紙へのリサイクルを支えています。

要点BOX
- ●段ボールリサイクルマークは、世界共通
- ●古紙は「分別」と「禁忌品を混ぜないこと」が重要

段ボールリサイクルマーク

ダンボール

「国際リサイクルシンボル」

その段ボールがリサイクル可能であることを示す。

世界共通のシンボルです。

禁忌品

A類:製紙原料とは無縁な異物、並びに混入よって重大障害を生ずるもので次のものをいう	
1	石、ガラス、金もの土砂、木片等
2	プラスチック類
3	合成紙、ストーンペーパー
4	樹脂含浸紙 、硫酸紙 、布類
5	ターポリン紙、ロウ紙、石こうボード等の建材
6	昇華転写紙(捺染紙、アイロンプリント紙)、感熱性発泡紙、不織布
7	芳香紙 、臭いのついた紙
8	医療関係機等において感染性廃棄物と接触した紙
9	その他工程或いは製品にいちじるしい障害を与えるもの
B類:製紙原料に混入することは好ましくないもので次のものをいう	
1	カーボン紙
2	ノーカーボン紙
3	ビニール及びポリエチレン等の樹脂コーティング紙、ラミネート紙
4	粘着テープ(ただし、段ボールの場合、禁忌品としない)
5	感熱紙
6	その他製紙原料として不適当なもの

出典:公益財団法人古紙再生促進センター

62 時代とともにより軽く

家庭などから捨てられる容器や包装が年々増え続けていることから、それらを資源として有効利用することを目的に、容器包装リサイクル法（容器包装に係わる分別収集および再商品化の促進等に関する法律）が制定されています。また、近年、環境問題への関心の高まりから、環境負荷の低いパッケージが求められています。

段ボールは、すでにリサイクルシステムが確立した循環型で環境負荷の低い包装材ですが、その研究開発においても、単に機能性や利便性ばかりを追求するのではなく、より環境に配慮したパッケージとして、一層の省資源、省エネルギーに向け軽量化が進められています。

段ボールの軽量化は、主に「段ボール原紙の軽量化」「より薄いフルートの推進」「包装設計見直しによる材料面積の削減」によって図られています。段ボール箱は内容品に応じてオーダーメイドで設計されますが、その質量は構成している段ボール原紙の坪量が大きく影響します。そのため原紙の軽量化が段ボール軽量化のポイントです。また、段ボールの段の高さを低くして薄物化すると、中しんの使用量を減らすことができますが、いかに必要とされる強度を維持しながら、より薄く、より材料面積を減らしていくかが重要となります。

これらの取組みにより、段ボールの平均坪量は、1994年の659・1g/㎡から2015年には610・3g/㎡となり、この20年あまりで7・4％軽量化されました。

段ボール原紙の軽量化は古紙資源の節約にもつながるほか、段ボールの薄物化は輸送効率や保管率も向上させるなど、サプライチェーンを通じた省資源、省エネルギーとCO_2排出量削減に貢献しています。見た目には分かりにくいですが、段ボールは時代とともに、さらに環境に優しいパッケージへと日々進化しています。

要点BOX
- 段ボールの軽量化は、段ボール原紙の軽量化と段ボールの薄物化がポイント
- 段ボールはこの20年間で7.4％軽量化された

段ボールの平均坪量の推移

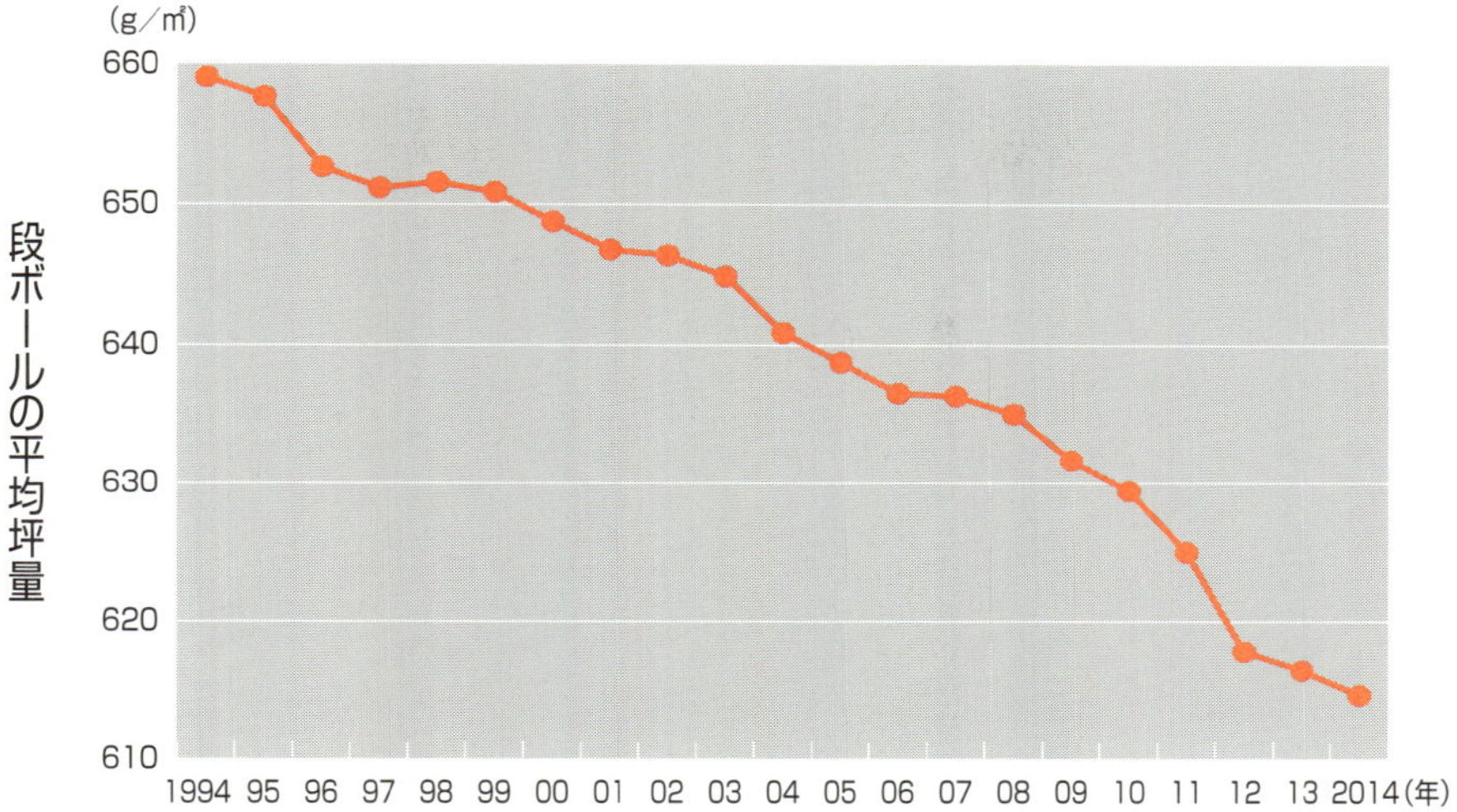

出典:全国段ボール工業組合連合会

段ボールの軽量化による効果

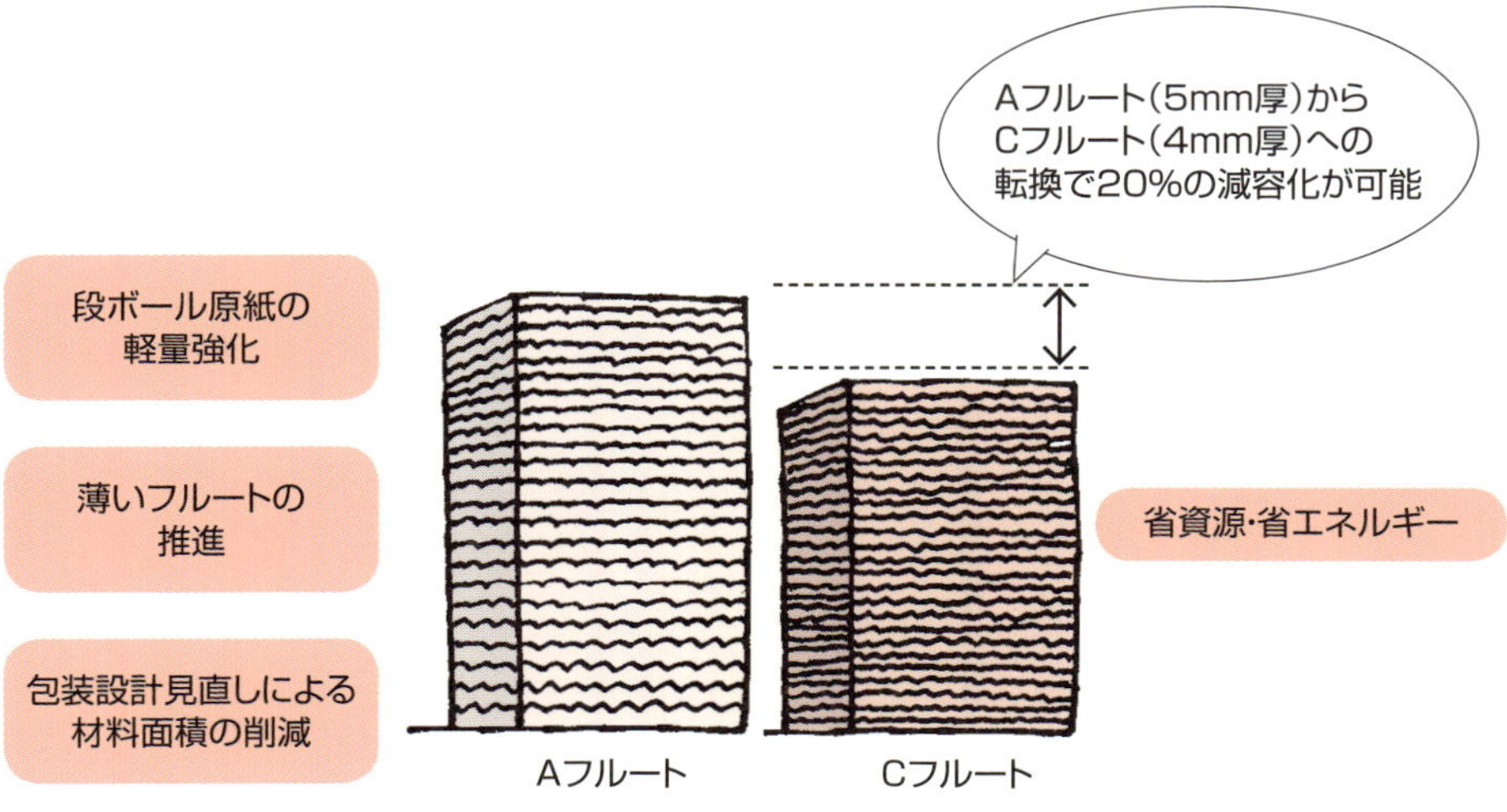

より軽く、より薄く、よりCO_2排出量を少なく

63 使いやすさは良いパッケージの必須条件

ユニバーサルデザイン

段ボール箱は商品を包装した後、運搬、開封、取出し、廃棄に至る過程でさまざまな人が関わります。それぞれの場面で誰にでも使いやすいようにする。それがユニバーサルデザインの考え方で、最近では、アクセシブルデザインとも呼ばれます。

例えば、荷物が段ボール箱で届いたとき、テープをはがしにくいと思ったことはありませんか。爪で何度も引っかいて、ようやくきっかけがつかめても、途中で切れてしまうなど、多くの人が同じような経験をしたことがあると思います。そんな不便を解決する方法として、段ボールとテープを一緒につかむ「アラジンオープン」という機能があります。これなら誰もが失敗することなく、簡単に開封することができます。

届いた荷物から中身を取り出そうとしたとき、フラップが邪魔になって苦労したことはありませんか。「スーパーカット」という切込みを入れれば、簡単にフラップを固定できて、中身を取り出しやすくなります。

また、段ボール箱を手掛け穴を使って運ぼうとした時、手が食い込んで痛かった経験はありませんか。こんなときは折り返し部に厚みを持たせれば食い込みにくくなります。

これらは従来の加工方法に少し工夫を加えただけなので、材料が増えたり、製造工程が増えたりすることはありません。コストを上げず、広く利便性を享受することができます。

さらに、これらの機能を一目で直観的に理解できるようデザインされたアイコンを表示すれば、最近増加している外国人はもちろん、誰にも認識しやすいものとなり利便性は大きく向上します。

このように性別、年齢、障がいの有無、国籍を問わず、できる限り多くの人に使いやすくというユニバーサルデザインの考え方が段ボール箱にも広がっています。

要点BOX

- ユニバーサルデザインとはだれもが使いやすい設計のこと
- あらゆる場面を想定して使いやすさを追求する

ユニバーサルデザイン

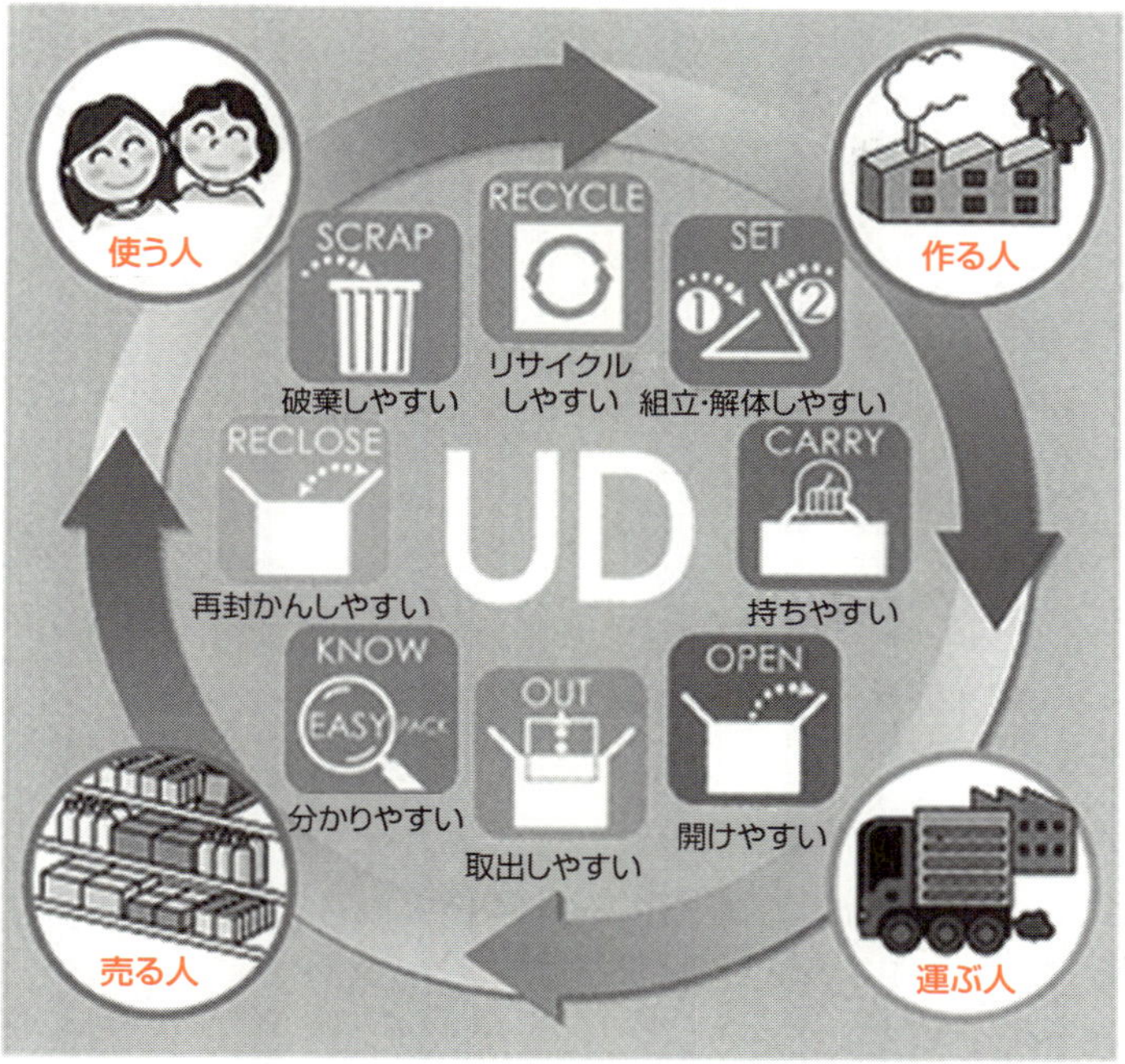

アラジンオープン　開封時、簡単にテープを剥がすことができる

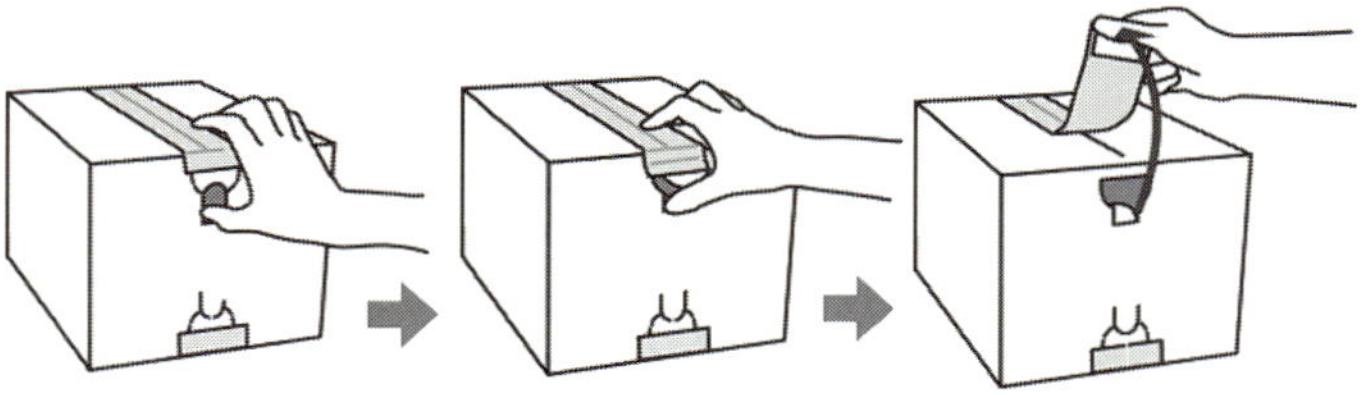

スーパーカット　フラップを固定させることで邪魔にならない

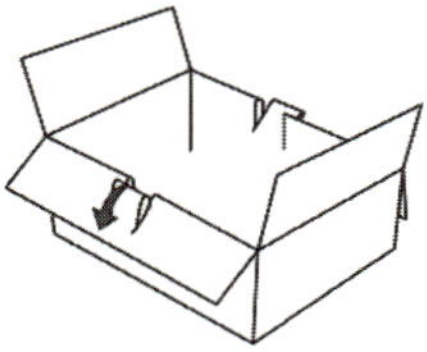

64 より薄く環境に優しく

数あるフルートの中でも厚さ4㎜のCフルートは、世界で最も多く生産されている国際標準といえる段ボールです。一方、日本では厚さ5㎜のAフルートが主流で、2005年ごろまではCフルートは普及していませんでした。

しかし、環境意識の高まりとともに、Aフルートよりも環境面で有利なCフルートが注目され、国内最大手のレンゴーが率先して本格導入に踏み切ったことで普及に弾みがつきました。現在では、主要段ボールメーカー各社が導入し、わが国でも一般的なフルートとなりました。

Cフルートは、段ボール箱にしたときの圧縮強さがAフルートと大きくは変わらない一方、環境面ではいくつもの利点があります。Aフルートよりも厚さが1㎜薄く、積載時の容積が約20％削減されるため、1回で運搬できる量が増えることから、輸送に必要なトラックの台数を減らすことができます。保管効率も向上するため、倉庫スペースをより有効に活用でき、納品回数も減らすことができます。

また、厚さが薄いことから中しんの使用量削減にもつながります。一枚の段ボールだとわずかな違いですが、もし、日本中のAフルートが全てCフルートに置き換わったとすると、年間約11万トンの中しんが削減されることになり、CO_2排出量の削減は年間約13万トンにも及びます。

最近では、厚さ3㎜のBフルートの代替として厚さ2㎜の「デルタフルート」が新たに開発されています。Cフルート同様、環境面での利点があり、缶飲料の外装箱などで使われています。一方、厚さ1・5㎜のEフルート同様、内装箱やギフト箱にも使え、より圧縮強度の高い箱になることから、フィルムで集積して輸送箱しても活用可能です。

このように新しいフルートが、環境負荷低減と段ボールの新たな価値の創出につながっています。

要点BOX

- Cフルートは Aフルートに比べ、保管、輸送効率の点で優れている
- 薄くすることでCO_2排出量の削減につながる

Cフルートの環境面での利点

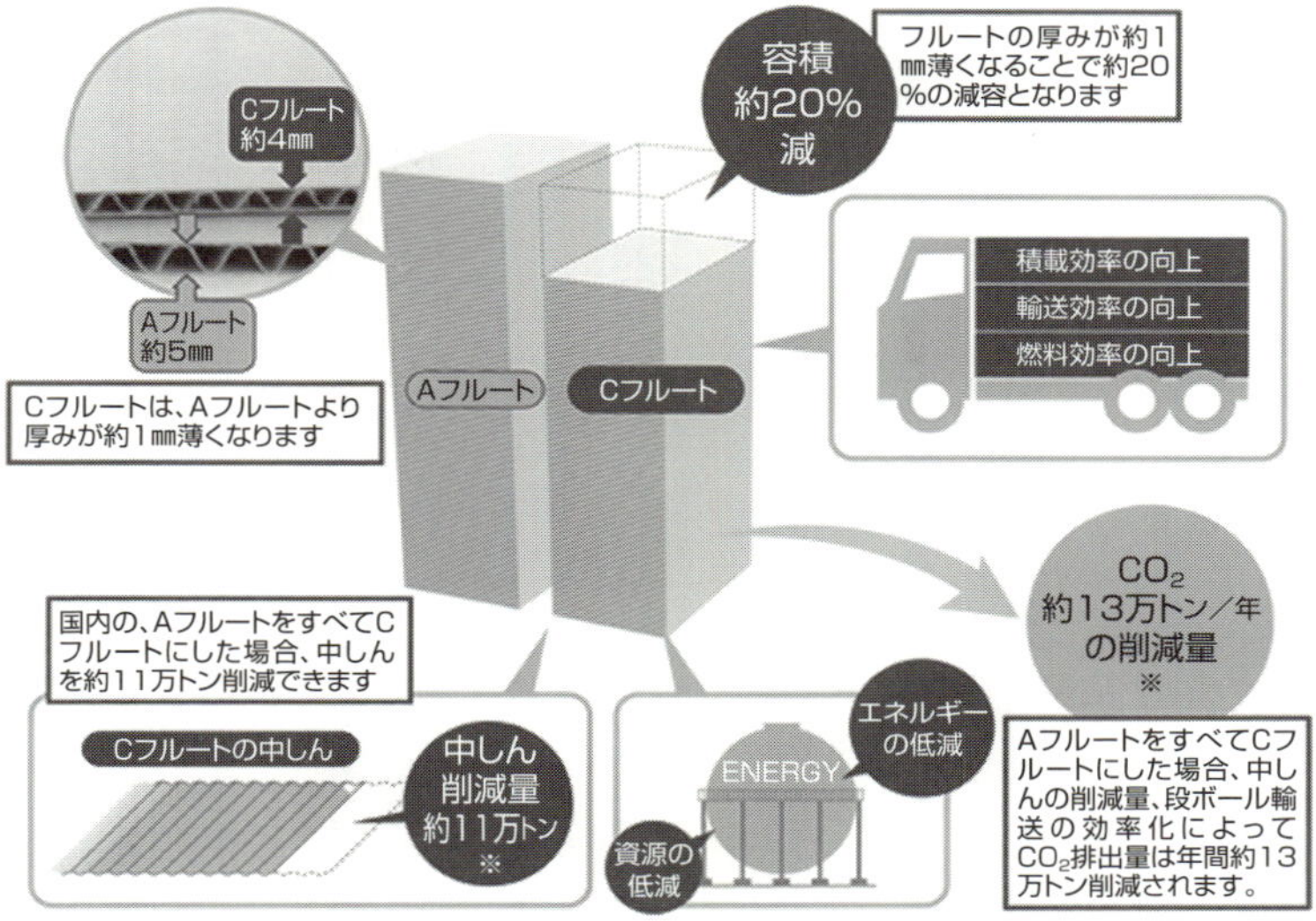

※ 数値はAフルート全量をCフルート化およびABフルート全量をBCフルート化することを前提として累計値を算出した想定値です。

デルタフルート

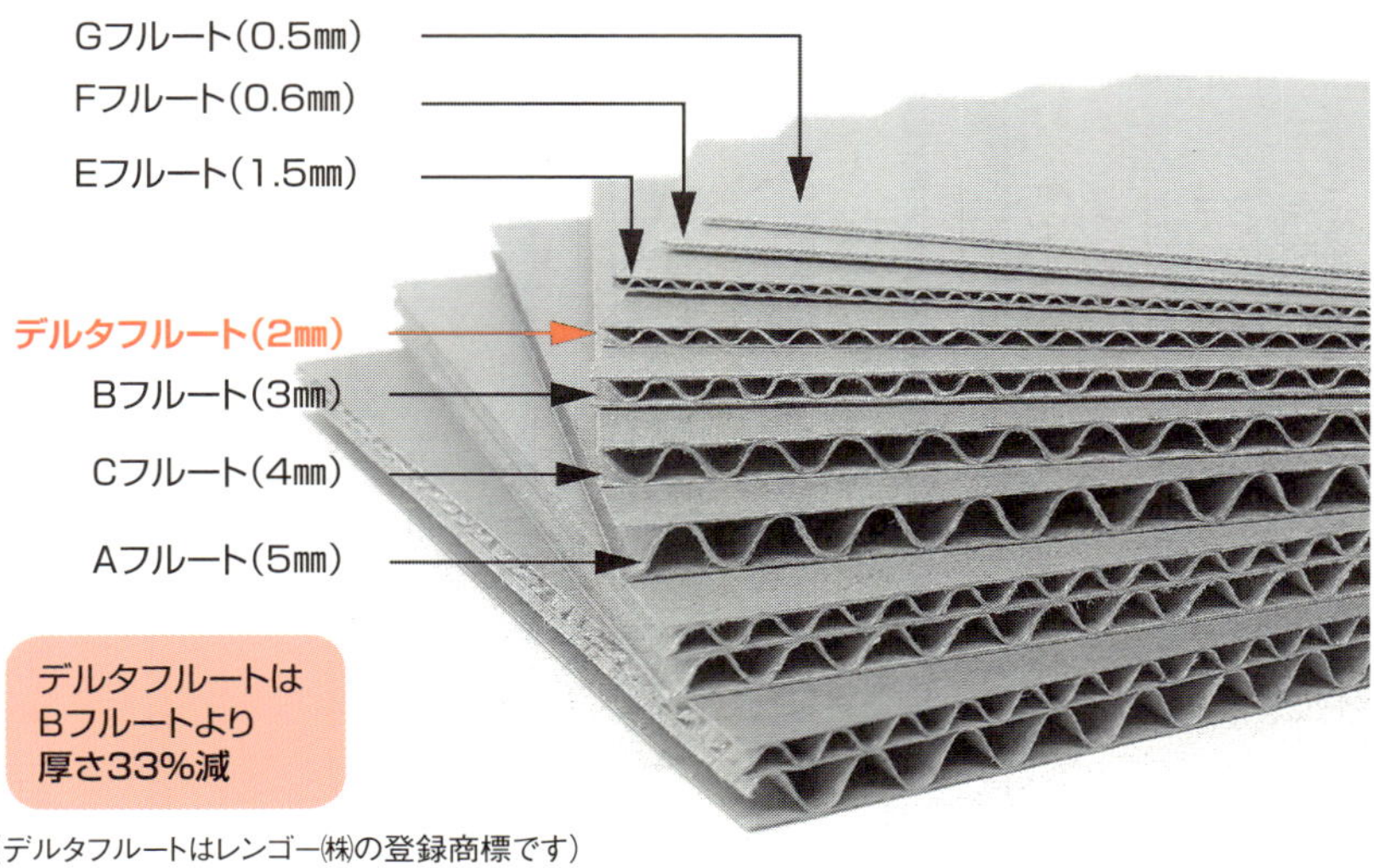

（デルタフルートはレンゴー㈱の登録商標です）

65 流通現場を改革する

シェルフレディパッケージング

段ボール包装における最近のトレンドとして、シェルフレディパッケージ（SRP）を挙げることができます。包装はその国の生活・技術水準の指標の一つといわれ、社会の変化により求められるニーズも変わります。段ボール箱は単に守る、運ぶだけのものから、並べやすい、もっと売れるといった役割も求められるようになりました。

最近は欧米を中心として、シェルフレディパッケージングあるいは、リテールレディパッケージングと呼ばれる本来の輸送箱としての役割はしっかりと果たしつつ、簡単な開封作業だけで陳列ができ、見栄えよく販売促進にもつながる機能が備わった段ボール箱の形態が普及しています。

日本では、高齢化による総労働人口の減少が問題となっていますが、流通業界では店頭作業者の人手不足が深刻化しており、店舗などでの陳列作業時間の短縮が求められています。また、販売促進を図りながら作業コストをいかに合理化するかも課題となっています。このような背景から、大手流通会社では品出し作業の効率化により人手不足を解消しようとする動きがあり、販促効果も合わせ持つSRPの導入を今後の方針として掲げるところが増えてきており、SRP化は今後ますます進展するものと予想されます。

開封・陳列機能を持たせるためには、段ボール箱にさまざまな加工を施す必要があります。例えば、一回の作業で容易に開封できるようにミシン目を入れ、ミシン目を破れば陳列棚にそのまま載せられるトレイ形状にできる新たな段ボール箱が開発されています。しかし、輸送や保管中に簡単に破れるようなミシン目では困ります。また、従来の包装ラインの変更や改造が必要になる場合も出てきます。さまざまな課題を解決しながら、最適なSRPの開発が進められています。

要点BOX

- 流通現場の陳列作業の効率化が大きな課題
- 販促効果を持たせたシェルフレディパッケージングがこれからのトレンド

シェルフレディパッケージ

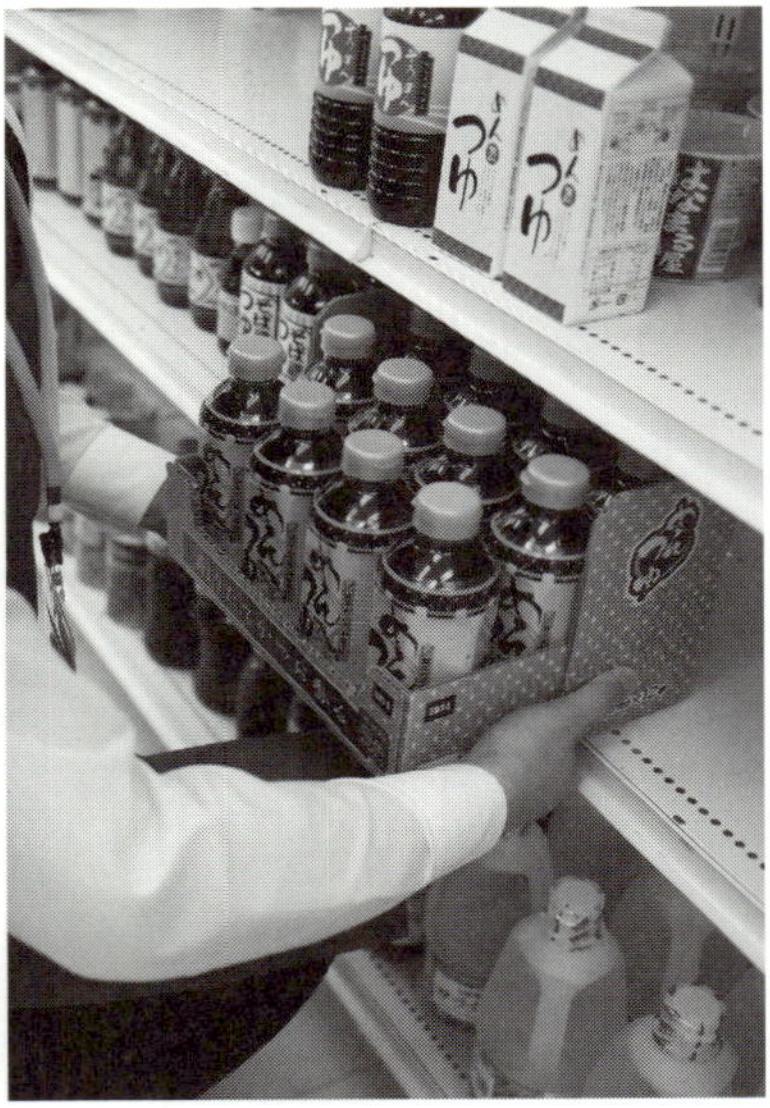

人手不足が深刻になる中、誰でも簡単に早くきれいに陳列できる段ボール箱が求められています

日本でもSRP化が進んでいます

66 もっと環境にやさしく

生産プロセスでも省エネを推進

段ボール箱の環境負荷を低減するために、段ボールの軽量化、薄物化に加え、生産プロセスでも省エネ・省資源を念頭に低炭素化への地道な取組みが行われています。

Aフルートからcフルートへの転換や、デルタフルート、軽量強化中しん原紙（LCC原紙）の開発などにより、段ボールの軽量化、薄物化は着実に進行してきましたが、欧州の平均と比べると、まだまだ㎡あたり100g程度も重いのが現状です。気候や包装形態の違いはありますが、日本の段ボールにはまだまだ改善の余地があります。

一方、段ボール工場では、省エネ効果の高い設備の導入や、ボイラー燃料をCO_2排出量が比較的少ないガスへ転換するなどして、生産プロセスの低炭素化が進められています。

近年は、太陽光発電システムやLED照明など最新技術の導入も盛んです。例えば、レンゴーの福島矢吹工場では、9000枚の太陽光パネルで発電したグリーン電力で昼間の電力は全て賄われています。また、IoTと呼ばれるICTを活用した生産プロセスのさらなる効率化も進みつつあり、それによる低炭素化も期待されています。

段ボールは高い回収率と古紙利用率を誇る環境に優しい包装材ですが、責任ある森林資源の保全にも貢献する包装材であることを明確にするために、「FSC®森林認証」など国際的な第三者機関の認証を取得する動きも加速しています。

持続可能であることこそ、私たちが暮らしと経済活動の中で最も意識しなければならない課題です。もともと環境に優しい段ボールですが、これからも暮らしを支え、もっと便利で使いやすく、持続可能な社会とさらなる地球環境負荷低減も考えながら、もっともっと優しい段ボールへのイノベーションが続けられていくことでしょう。

要点BOX
- ●生産プロセスの低炭素化が進められている
- ●日本の段ボールには、軽量化の余地がある

太陽光発電システムを採り入れた段ボール工場

レンゴー㈱　新名古屋工場

木材チップバイオマス焼却発電設備の導入

レンゴー㈱　八潮工場

FSC®森林認証

責任ある森林管理
のマーク

FSC® C126809

Column

段ボールよ永遠なれ

段ボールのない世界が想像できますか。もはや段ボールは空気のように身近にあり、電気やガス、水道と同じように、物流における社会のインフラとして大活躍しています。

どんなに素晴らしいものも、それを包み運ぶ段ボールがなければ、その価値を世の中に届けることはできません。段ボールはまさしく、人々の営みによって生まれた世界中の価値を、世界の隅々まで運ぶ頼もしい存在です。それは、私たちの生活を支え、暮らしを豊かにし、そのたゆみない進化は、社会的課題の解決へとつながっています。

段ボールの強さの秘密であるトラス構造の「段」は、三角形を一列に並べたような波形になっています。三角形は最も安定した形です。そんな秘めたる強さを持つ段ボールは、その強さとともにさまざまな思いも包んでいます。

触れたときの温かみ、優しさ。待ち望んでいた荷物が届いたときのヨロコビ。引越のドキドキ、新しい生活への希望と不安。子供の頃の懐かしい品々とその記憶。都会で買えるものまで詰めて送ってくれる田舎のおふくろの笑顔。丹精込めて育てられた野菜やくだものの新鮮さ美味しさ。段ボールで遊んだ思い出…。単にモノとしてだけではなく、さまざまな気持ちや心を載せて運ぶ段ボール。だからこそ、段ボールは心通じあうコミュニケーションツールとして、まだまだ進化する可能性を秘めているのです。

段はまた、波の連なりでもあります。波は段ボールの強さの源であると同時に、段ボールの普遍性と進化も象徴しています。波は宇宙の誕生に始まり、素粒子や原子、光や音に至るまで、万物にかかわる普遍的なものでありながら、刻一刻と姿を変え続けるものでもあります。段ボールも変わらぬ基本と、変わり続ける革新を積み重ねながら、これからも進化を遂げていくことでしょう。

段ボールよ永遠なれ。

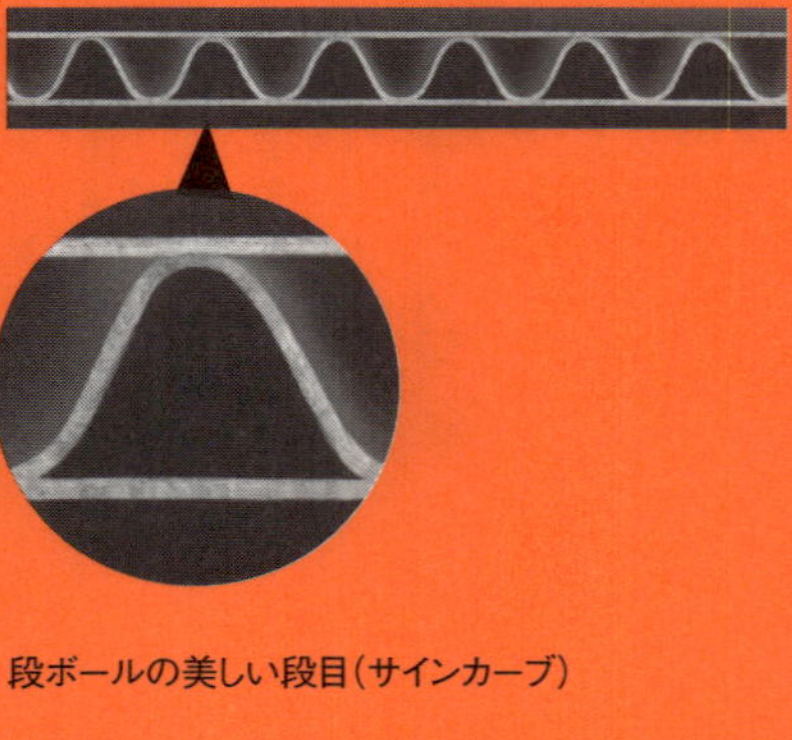
段ボールの美しい段目（サインカーブ）

【参考文献】

「レンゴー株式会社百年史　1909～2009」（2009年）
「段ボールハンドブック」全国段ボール工業組合連合会（2015年）
「段ボール包装技術　実務編」五十嵐清一 、日報（2012年）
「段ボール包装技術入門　最新版」五十嵐清一、日報（2008年）
「段ボール包装設計講座」川端洋一、日報（2000年）
JISハンドブック 32 紙・パルプ（2016年）
JISハンドブック 63 包装（2016年）
JAPAN TAPPI No.1「紙及び板紙−ワックスによる表面強さ試験方法」
日本包装学会第21回研究発表会予稿集P.34-35（2012）
日本包装技術協会第52回全日本包装技術研究大会予稿集P.44-47（2014）
K.Q.Kellicutt and E.F.Land,Forest Product Lab., No.D1911 (1951)
Uldis I Ievans, Tappi Journal 58(8),106 (1975)
板紙段ボール新聞　第2618号付録（2016年3月17日）

【引用文献】

日本経済新聞「私の履歴書」（1959年6月28日）

段ボールの歴史年表

１８５６年	（英）	シルクハットの通気と汗取り用の素材として生まれる
１８７４年	（米）	片面段ボールが考案され、瓶や壺などの包装に使用される
１８８３年	（米）	両面段ボールが考案される（推定）
１８９４年	（米）	段ボール箱が初めて生産される
		日清戦争始まる（～１９８５年）
１９００年	（欧米）	段ボールの貼合に、珪酸ソーダ（水ガラス）が使われ始める
１９０４年		日露戦争始まる（～１９０５年）
１９０８年	（米）	現在のコルゲータの原型となる両面段ボール製造機が開発される
１９０９年	（日）	井上貞治郎氏が日本初の片面段ボールをつくり「段ボール」と名付ける
１９１０年	（米）	木箱から段ボール箱への転換が進む
１９１３年	（日）	国内でも貼合用接着剤として珪酸ソーダの使用が始まる
１９１４年		第一次世界大戦始まる（～１９１８年）
	（日）	段ボール箱が生産され始めるが、輸送包装材の主流は木箱や麻袋
１９１８年	（米）	鉄道貨物に段ボールの使用が本格化する
１９３５年	（米）	でんぷんを主原料にした貼合用接着剤が開発される
１９３９年		第二次世界大戦始まる（～１９４５年）

	（日）	段ボール生産設備も壊滅的な被害を受ける
１９４９年	（日）	工業標準化法制定（ＪＩＳ制定）
１９５１年	（日）	政府が木箱包装を段ボール箱に切換えることを閣議決定する
１９５７年	（米）	フレキソ印刷が導入される（１９７０年代までに油性印刷に取って代わる）
１９６４年	（日）	東京オリンピック開催、東海道新幹線開通
		高度成長とともに段ボール需要も急増し、輸送包装材の主流となる
１９６９年	（日）	フレキソインクによる印刷が増加する
１９７３年	（日）	プレプリント印刷による段ボール生産技術が開発される
１９７５年	（日）	この頃までに、世界初のコルゲータ連続運転装置が完成
		日本の段ボール製造技術が欧米諸国と比肩しうる水準となる
１９７６年	（日）	ノーフィンガーシングルフェーサが開発される
１９８７年	（日）	年間生産量が１００億㎡を超える
		80年代、受注の多品種、小ロット、短納期化が進む
２０００年	（日）	容器包装リサイクル法が施行され段ボールにも適用される
		日本提案の「段ボールのリサイクルマーク」が世界標準として認定される
２００９年	（日）	日本の段ボール誕生から１００周年
２０１１年	（日）	東日本大震災、これをきっかけに段ボールベッドが考案される
２０１６年	（日）	熊本地震、段ボールベッドの提供が業界一体で初めて実施される

索引

●編著者紹介
レンゴー株式会社

1909年、日本で最初に段ボールをつくりその名を付けた段ボールのトップメーカー。レンゴーの歴史は日本の段ボールの歴史そのものである。現在では、段ボールに加え、製紙、紙器、軟包装、重包装、海外の6つの事業を中心として、あらゆる産業のすべての包装ニーズに総合的なソリューションを提供する、「ゼネラル・パッケージング・インダストリー＝GPSレンゴー」へと発展している。本書は、レンゴーが包装分野で永年培ってきた知識と経験をもとに、一般の人たちにも読みやすく理解しやすい段ボールの入門書として、包装技術をはじめ、製造、営業、デザイン・マーケティング、研究・開発、環境など、実際に段ボールの第一線を担う各部門の幅広い情報が収められている。

●監修者略歴
斎藤勝彦（さいとうかつひこ）

神戸大学大学院　教授
1961年　佐賀県生まれ
1987年　神戸商船大学大学院商船学研究科修了
　　　　神戸商船大学助手
1991年　大阪大学博士（工学）
2006年より現職
日本包装学会理事、Board Member of IAPRI（International Association of Packaging Research Institutes），Editorial Board of Packaging Technology and Science（International Journal）
Editorial Board, Journal of Applied Packaging Research

【著書】
「輸送包装の科学」（日本包装学会　2004）
「輸送包装の基礎と実務」（幸書房　2008）など
輸送包装関連の論文等を国内外で多数発表

今日からモノ知りシリーズ
トコトンやさしい
段ボールの本

NDC 585.54

2016年9月25日　初版1刷発行
2022年3月18日　初版3刷発行

監修者　斎藤 勝彦
発行者　井水 治博
発行所　日刊工業新聞社
東京都中央区日本橋小網町14-1
（郵便番号103-8548）
電話　書籍編集部　03（5644）7490
販売・管理部　03（5644）7410
FAX　03（5644）7400
振替口座　00190-2-186076
URL　https://pub.nikkan.co.jp/
e-mail　info@media.nikkan.co.jp
印刷・製本　新日本印刷（株）

●DESIGN STAFF
AD―――――志岐滋行
表紙イラスト―――黒崎　玄
本文イラスト―――小島サエキチ
ブック・デザイン ――大山陽子
（志岐デザイン事務所）

●
落丁・乱丁本はお取り替えいたします。
2016 Printed in Japan
ISBN　978-4-526-07606-0　C3034